石油员工安全生产知识读本

采气工

应知应会

中国石油天然气集团公司安全环保与节能部 编

石油工业出版社

内容提要

本书主要内容包括：采气生产简介、采气工安全生产应知、采气工安全生产应会、采气生产应急处置，以图文并茂的形式列举了采气工的习惯性违章行为，通过采气岗位事故案例分析，警示采气工安全操作。此读本通俗易懂，可供采气工和相关人员学习参考。

图书在版编目（CIP）数据

采气工应知应会/中国石油天然气集团公司安全环保与节能部编.
北京：石油工业出版社，2013.5
（石油员工安全生产知识读本）
ISBN 978-7-5021-9601-1

Ⅰ.采…
Ⅱ.中…
Ⅲ.采—安全生产
Ⅳ.TE38

中国版本图书馆CIP数据核字（2013）第107842号

出版发行：石油工业出版社
　　　　（北京安定门外安华里2区1号　100011）
　　　网　址：http://pip.cnpc.com.cn
　　　编辑部：（010）64255590　发行部：（010）64523620
经　　销：全国新华书店
印　　刷：北京中石油彩色印刷有限责任公司
2013年5月第1版　2013年5月第1次印刷
787×1092毫米　开本：1/32　印张：3
字数：62千字
定价：15.00元
（如出现印装质量问题，我社发行部负责调换）
版权所有，翻印必究

编委会

主　　任：张凤山
副 主 任：吴苏江　邹　敏　黄　飞　周爱国
委　　员：王洪涛　付建昌　赵邦六　沈　钢　张　宏
　　　　　吴世勤　黄永章　赵业荣　杨时榜　钟裕敏
　　　　　闫伦江　王学文　邱少林　饶一山　郭喜林
　　　　　卢明霞　张广智　杨光胜　刘景凯　宋　军

编写组

主　　编：邱少林　王以朗
副 主 编：付建华　蒋长春
编写人员：朱　进　张　燕　谢代安　罗　伟　周建禄
　　　　　黄　全　李显文　王　戎　谢国忠　胡月亭

前 言

石油天然气具有易燃、易爆、有毒、有害的特性,石油天然气开采使用的设备设施以及员工不规范操作都会带来安全风险。为确保安全生产,进一步强化安全理念,提高石油天然气开采企业员工的安全操作技能,规范安全操作,增强自我防范意识,有效规避生产过程中的各类风险,预防和纠正惯性违章,中国石油天然气集团公司安全环保与节能部组织编写了本书。

本书是为采气工编写的安全生产应知应会知识读本,其特点是以安全生产为主线,以风险识别和措施为依据,以案例分析为警示,密切结合采气岗位实际,旨在有效指导采气工安全生产操作,杜绝违章、确保安全。主要内容包括:采气生产简介、采气工安全生产应知、采气工安全生产应会、采气生产应急处置,附录部分以图文并茂的形式列举了采气工的习惯性违章行为,通过采气岗位事故案例分析,警示采气工安全操作。此读本通俗易懂,可供采气工和相关人员学习参考。

中国石油西南油气田分公司承担了本书的编写工作,在此表示衷心感谢。由于时间仓促,难免有疏漏和不妥之处,希望有关专家和广大读者能够提出宝贵意见。

编 者
2013 年 4 月 26 日

目 录

第一章 采气生产简介 ·· 1
第一节 采气生产工艺 ·· 1
第二节 采气生产设备设施 ······································ 7

第二章 采气工安全生产应知 ·································· 13
第一节 采气生产风险 ··· 13
第二节 采气生产工艺介质安全特性 ····························· 19
第三节 采气安全要求 ··· 24

第三章 采气工安全生产应会 ·································· 27
第一节 通用工作安全操作 ····································· 27
第二节 采气安全操作 ··· 41

第四章 采气生产应急处置 ···································· 67
第一节 设备设施应急处置 ····································· 67
第二节 人员伤害应急处置 ····································· 71

附 录 ·· 79
附录1 采气工操作常见不安全行为 ····························· 79
附录2 采气生产事故案例 ····································· 84

参考文献 ··· 90

第一章 采气生产简介

天然气是指蕴藏于地层中的烃类和非烃类气体的混合物,主要成分是甲烷(CH_4),具有易燃易爆的特性。天然气中常含有少量硫化氢、二氧化碳等有毒、腐蚀性气体。采气作为气田开发的重要组成部分,是利用一定的井下工艺技术措施和设备设施,将地层天然气采出到地面。高压天然气经节流、降压、加热、分离(低压天然气则不需节流、降压、加热,只需分离、增压)等预处理,通过计量后,由集气管线输送至下游精处理(净化),再分输给用户作为燃料或化工原料。

第一节 采气生产工艺

石油和天然气深埋在地下几百米至几千米的油气层中,要把它们开采出来,需要在地面和地下油气层之间建立一条油气通道,这条通道就是采油井或采气井。采气井井下设备技术措施和地面设备设施构成了采气生产工艺。

一、典型采气工艺

(一) 常温分离工艺流程

1. 单井常温分离工艺流程

在单个采气井井场,安装一套包括天然气加热、调压、分离、计量和放空等设备的流程,称为单井常温分离工艺流程,见图1-1、图1-2。

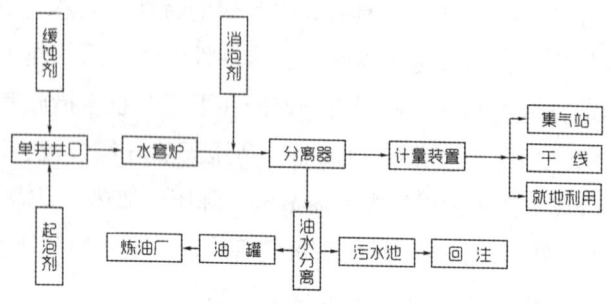

图1-1　单井常温分离工艺流程(高压天然气)

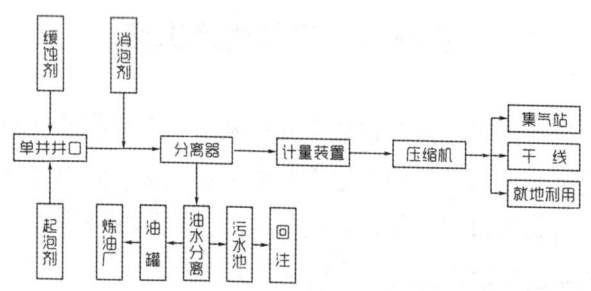

图1-2　单井常温分离工艺流程(低压天然气)

气井采出的天然气,经井口节流阀节流后进入加热设备,升温后的天然气经再次节流降压后进入分离器,除去液体和固体杂质,经计量后进入集气支线输至集气站或就近用户。分离出来的液（固）体从分离器下部进入计量罐计量，再分别排入油罐和污水池中；如果气井不产油，则分离出的液体直接排入污水池。

2. 多井集气流程

将几口单井的采气流程集中在气田某一适当位置进行集中采气和管理的流程，称为多井集气流程，具有这种流程的站称为集气站，见图1-3。

多井集气工艺包括两大部分，一是单井工艺，二是集气站工艺。各单井站天然气经高压管线或节流降压后输至集气站。集气站的工艺过程一般包括加热—节流—分离—计量等几部分，为防止节流降压过程中气体温度过低形成水合物，也可采取在单井站进行加热—降压—节流—分离—计量后，经集气支线直接进入集气站汇管输出。若气体压力较低，节流后不会形成水合物，集气站的流程也可适当简化为节流—分离—计量，然后输出。

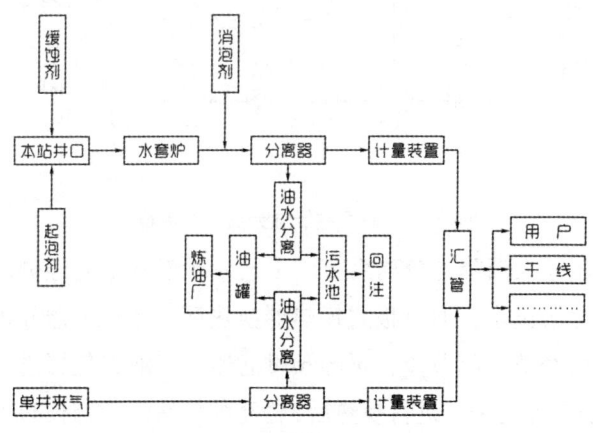

图1-3 多井集气流程

(二)低温分离工艺流程

低温分离工艺流程主要用于含凝析油的气藏开发。该工艺对高压天然气节流制冷,大幅度降低天然气的温度,使天然气中的重烃(丙烷以上组分)和水蒸气变成液态凝析出来,进行回收。低温分离包括集气站低温分离和小压差大温降脱烃两种工艺,小压差大温降脱烃工艺又包括先分离后节流工艺和先节流后分离工艺两类。

集气站低温分离工艺流程主要由注醇单元、加热/预冷单元和低温分离单元三部分组成。从井口来的高压天然气经加热/预冷、节流阀节流制冷,进入计量或分离器进行一级低温气液分离,再进入预过滤器进行二级低温过滤分离,最后进入气液聚集器进行三级低温气液分离,经露点检测合格后计量外输,见图1-4。

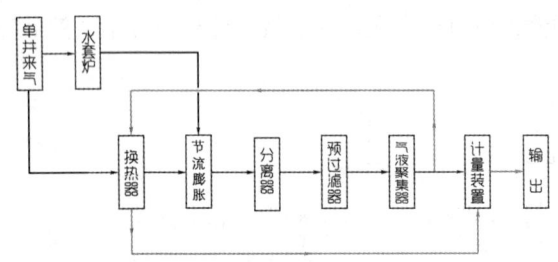

图1-4 集气站低温分离工艺流程

小压差大温降先分离后节流工艺:天然气首先经分离器Ⅰ分离部分游离水,通过板式换热器换热后,经分离器Ⅱ进行分离,然后经节流阀节流,再经预过滤器、气液聚集器进一步分离,经换热器与来气进行换热后,输至配气站汇管,计量后外输,见图1-5实线部分。先节流后分离工艺是来气经分离器Ⅰ分离和板式换热器换热后,先进行节流,再经分离器Ⅱ、预过滤器、气液聚集器进行低温三级分离后,经换热器换热,然后输至配气站汇管,计量后外输,见图1-5虚线部分。

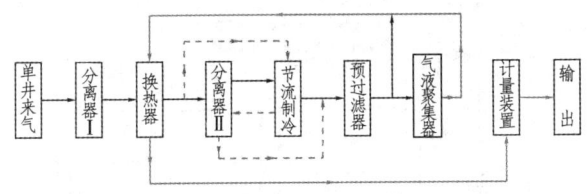

图1-5 小压差大温降低温分离工艺流程

二、天然气气田脱水工艺

天然气从气井采出虽通过单井分离器分离,但由于分离器只能实现预处理,天然气输至集气管线中,环境温度低,管道内天然气温度下降,其中的游离水和部分水蒸气凝析积聚在集气管线中,不仅降低管输效率,还会因酸性气体等因素腐蚀集输设备,威胁天然气生产安全。对天然气实施气田脱水就是为了提高管输效率,确保集输设备安全。

(一)三甘醇脱水工艺

三甘醇脱水工艺是利用三甘醇对水的溶解度大和对水汽吸收能力强的特点,使天然气中的液态水及水汽溶解和吸收。三甘醇富液通过加热再生、干气汽提,得到浓度大于98.7%的三甘醇贫液,返回系统中循环使用。

1.三甘醇脱水工艺流程

湿天然气经集气站两相分离器分离后,进入吸收塔脱除水分。天然气从吸收塔底部自下而上,经塔盘泡罩与自上而下流动的三甘醇贫液逆流接触，气体与三甘醇充分接触，天然气中的水被三甘醇吸收，实现天然气脱水的目的。三甘醇脱水工艺流程见图 1-6。

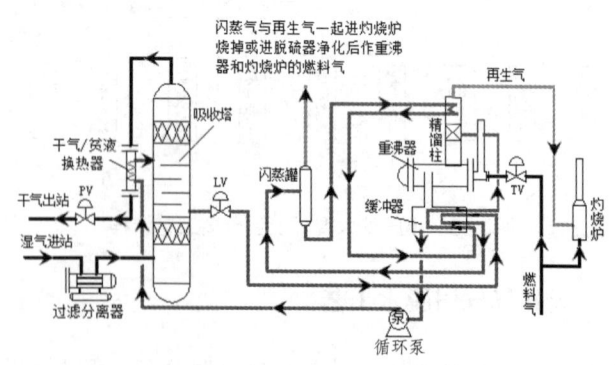

图 1-6　三甘醇脱水工艺流程图

2. 三甘醇再生系统工艺流程

三甘醇贫液从顶层塔盘下流，变成三甘醇富液流至塔底集液箱，再经精馏柱顶部回流至冷凝盘管，然后进入闪蒸罐。闪蒸后的三甘醇经换热器后进入过滤器。过滤后的三甘醇进入富液精馏柱内换热，三甘醇蒸气被冷凝回流，水蒸气从顶部排出，换热后的三甘醇富液从富液精馏柱进入重沸器再生。再生后的贫液进入循环泵，经泵打入吸收塔顶部与天然气换热后进入吸收塔顶层塔盘。

（二）固体吸附法脱水

固体吸附法脱水是利用天然气与固体粒子相接触，天然气中的水分子被固体内孔表面吸附以达到分离水分的目的。常用固体吸附剂有：硅胶、活性氧化铝、活性铝矾土和分子筛等。

分子筛脱水是目前国内外广泛使用的深度脱水方法。

（三）低温冷却法脱水

将天然气冷却可使大部分水蒸气冷凝出来。低温分离法一般作为辅助脱水措施。为防止冰堵，在低温分离的同时还应加入某种防冻剂（如甲醇、乙二醇、二甘醇等）吸收水分，进一步降低露点。目前降低天然气温度的方法包括自然冷却、节流膨胀制冷、膨胀机制冷、热分离机工艺。

三、天然气站场脱硫工艺

当含硫气井附近没有天然气净化厂时，为保证生活、生产用气均为净化气，天然气站场常采用干法脱硫工艺进行脱硫。流程为：含硫天然气从脱硫塔下部进入，与脱硫剂接触脱硫。

含硫天然气经过滤、调压、脱硫、计量后，一部分供水套炉用气，另一部分供井站员工生活用气，流程见图1-7。

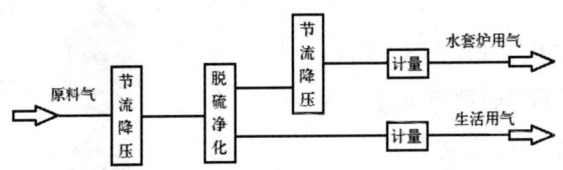

图1-7 天然气站场脱硫工艺流程

第二节 采气生产设备设施

由于采气生产设备设施类别较多，本节仅介绍气井井口、井口安全系统、天然气加热炉、分离器、天然气压缩机及主要

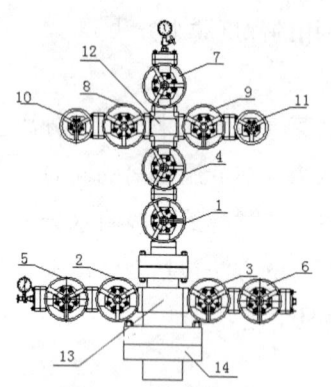

图 1-8 气井井口装置阀门配置及编号

1—1号总闸阀；2—套管左翼1号闸阀；
3—套管右翼1号闸阀；4—油管2号总闸阀；
5—套管左翼2号闸阀；6—套管右翼2号闸阀；
7—测压闸阀；8—油管左翼1号闸阀；
9—油管右翼1号闸阀；10—左翼角式节流阀；
11—右翼角式节流阀；12—小四通；
13—大四通；14—底法兰

阀门的原理和结构，便于对采气生产设备设施做初步了解。

一、气井井口

气井井口装置是控制气井生产的重要地面设备之一，主要作用是实现采气压力控制、流量控制、工艺技术措施实施操作等。它主要由套管头、油管头和采气树三大部分组成，结构见图 1-8。

二、井口安全系统

为防止井口超压、站内外管线泄漏导致严重事故，一般在气井井口安装井口安全系统，使事故发生时井口自动截断。井口安全系统由控制部分和截断阀两部分组成，其中，截断阀结构见图 1-9。井口安全系统的功能是当发生异常各感测点检测到有超高

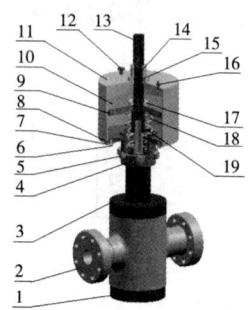

图 1-9 井口安全系统截断阀结构图

1—下阀盖；2—阀体；3—上阀盖；
4—气缸座；5—固定螺钉；6—定位螺钉；
7—垫片；8—锁紧圈；9—活塞O形环；
10—活塞；11—气缸；12—安全阀；
13—活塞杆；14—清洁环；15—活塞杆O形环；
16—进气接头；17—锁紧螺母；
18—主弹簧；19—副弹簧

压、超低压、火灾等不合格信号时，或在紧急情况下，通过远程控制给出关井信号使井口截断阀迅速关闭，实现集输气管线爆炸、井口火灾、气井下游管线设备超压自动安全截断保护。

三、天然气加热炉

为防止水合物生成，广泛采用水套加热炉提高气流温度，其结构见图1-10。

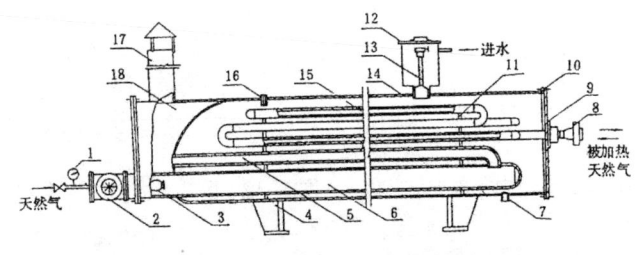

图1-10 水套加热炉结构图

1—压力表；2—调风阻火器；3—燃烧器；4—支座；5—烟气出口管；
6—烟火管；7—排污口；8—法兰；9—填料压盖；10—法兰盖；
11—支撑板；12—水箱；13—水位计；14—筒体；15—气盘管；
16—温度计管嘴；17—烟囱；18—烟箱

四、分离器

分离器是天然气采气过程中不可缺少的重要设备之一。主要作用是除去天然气中液体、固体微粒杂质，保证管道及设备正常运行。按结构原理分为重力式分离器、过滤分离器、旋风分离器、混合式分离器四种。

（一）重力分离器

重力分离器是利用液体（固体微粒）和气体之间的密度差和流速流向的突变分离气体中的液（固）体杂质，然后通过捕雾器清除未沉降的部分游离水滴和固体微粒。重力分离器是组合使用沉降分离、折流分离、丝网过滤分离的原理而设计的。

采气站场常采用的重力分离器分为立式和卧式两种，结构分别见图 1-11 和图 1-12。

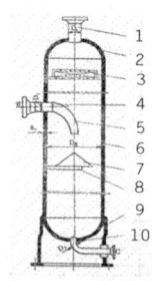
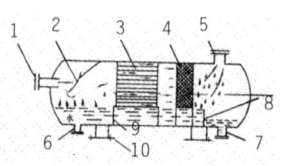

图 1-11　立式重力分离器结构图　　图 1-12　卧式重力分离器结构图

1—气出口；2—上封头；3—捕雾器；
4—进气口；5—进气管；6—筒体；
7—伞形罩；8—伞形罩支架；
9—裙座；10—排污管

1—天然气进口；2—导向板；3—整流板；
4—捕雾器；5—出口；6—排污口；7—排液口；
8—溢流板；9—支架；10—底座

（二）过滤分离器

过滤分离器是一种高精度分离设备，一般用在压缩机前端或分离要求较高的分离中。天然气进入分离器后，通过沉降、过滤、捕雾三个阶段实现高精度分离。主要靠微孔过滤元件，实现超滤分离，将天然气中杂质分离出来。采气站场常采用的过滤分离器见图 1-13。

（三）旋风分离器

旋风分离器的主要功能是尽可能除去流体中携带的固体颗粒杂质和液滴，达到固液气分离的目的。天然气通过分离器入口以切线方向进入设备内，沿筒体内呈螺旋状下旋的导向叶片

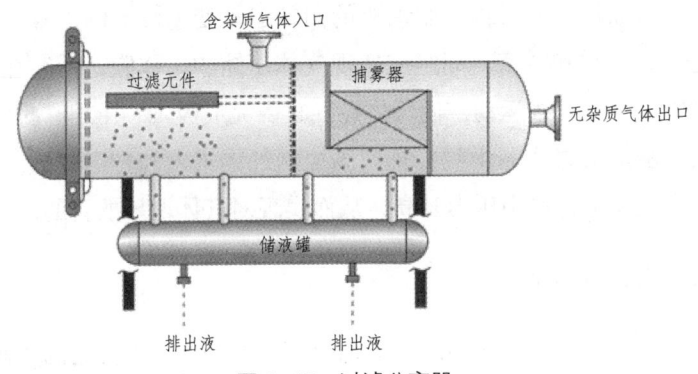

图 1-13 过滤分离器

高速下旋,在离心力和重力的作用下,密度大的液滴和固体颗粒沿筒壁下落流出旋风管排污口,分离后的气流在筒体内收缩向中心流动,向上形成二次涡流流经导气管经顶部气体出口排出。采气站场常采用的旋风分离器结构见图 1-14。

五、天然气压缩机

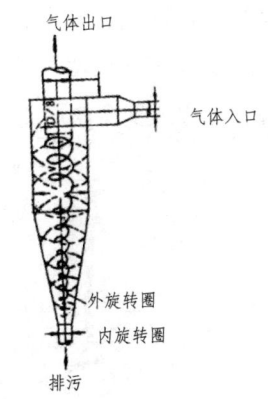

图 1-14 旋风分离器结构图

油气田低压天然气增压采气使用的天然气压缩机主要是活塞式压缩机,部分油气田也使用螺杆式压缩机。

这两种压缩机都是容积式压缩机,通过往复运动部件或旋转部件在工作腔内周期性运动,使吸入工作腔的气体体积缩小而提高压力。

由曲柄连杆机构将驱动机的回转运动变为活塞的往复直线运动。气缸和活塞共同组成实现气体压缩的工作腔，活塞在气缸内做往复直线运动，使气体在气缸内完成吸气、压缩、排气、余气膨胀等过程，由吸、排气阀控制气体进入和排出气缸。气体在被压缩过程中压力升高，从而实现对气体增压的目的。

六、安全阀

用于天然气采气的阀门类别很多，按公称压力分为高压阀、中压阀、低压阀。按结构形式分为闸阀、截止阀、节流阀、球阀、碟阀、止回阀、安全阀、减压阀、旋塞阀、呼吸阀等。此处仅介绍安全阀。天然气开采过程使用的安全阀主要有弹簧式安全阀和先导式安全阀两类，结构见图1-15、图1-16。

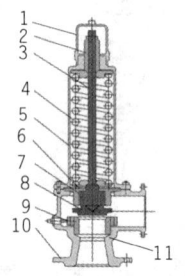
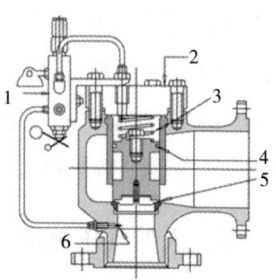

图1-15　弹簧式安全阀结构图

1—保护罩；2—调整螺杆；3—阀杆；
4—弹簧；5—阀盖；6—导向套；7—阀瓣；
8—反冲盘；9—调节环；10—阀体；11—阀座

图1-16　先导式安全阀结构图

1—导阀；2—主阀；3—圆顶气室；
4—活塞密封圈；5—阀座；
6—压力传感嘴座

第二章 采气工安全生产应知

采气工的安全意识和行为是保证天然气安全生产的基础。因此,采气工应了解天然气生产涉及的主要危害因素、工艺介质的安全特性和可能导致的事故后果,并熟悉采气生产岗位、工艺、设备和生产场所安全要求。

第一节 采气生产风险

天然气采集系统是一个具有较高压力的封闭系统,采气生产过程具有密闭性、连续性的特点,存在火灾、爆炸、硫化氢中毒、灼烫等危险。因此,需要每位采气工认真识别岗位危害因素,熟知岗位风险及控制措施,有效规避生产过程各种风险。采气生产主要存在以下几类安全风险。

一、火灾、爆炸

在采气生产中以下因素可能造成火灾、爆炸:
(1)井喷着火;
(2)输送含硫天然气管道,收发球作业或检维修操作不当使硫化铁自燃;
(3)管道用天然气吹扫,置换空气速度太快引起爆炸;

（4）场站设备、管道等泄漏未及时发现、处理；

（5）埋地管道微漏，天然气渗流到地面生产和生活场所遇明火；

（6）不执行加热炉操作规程（未通风或通风时间不足、先开气后点火、缺水烧干锅等）；

（7）使用易挥发性易燃液体擦洗设备、地面或衣物；

（8）电气线路老化或接头松动，虚接造成短路打火；

（9）进站车辆未装防火罩；

（10）生产场所、操作间内存放易燃易爆物品；

（11）进入易燃易爆区域，不穿防静电工服、接打手机等。

二、硫化氢中毒

在含硫天然气采气生产中以下因素可能导致硫化氢中毒：

（1）井喷泄漏；

（2）设备管线穿孔造成含硫天然气外泄；

（3）气田污水析出硫化氢；

（4）作业人员未佩戴硫化氢检测报警仪，含硫天然气泄漏未及时发现、处理；

（5）含硫天然气作业（如清管作业、管线堵漏等）未佩戴空气呼吸器；

（6）进入塔、罐、管线等受限空间前，未进行气体检测；

（7）硫化氢检测报警仪未定检，出现故障；

（8）事故应急处置，抢险人员未佩戴空气呼吸器；

（9）逃生路线不当，人员处于下风向；

（10）逃生通道设置不当，处于下风向；

（11）发生含硫天然气泄漏时，人员疏散不及时，或疏散安全距离不够等。

三、天然气泄漏

在采气生产中以下因素可能造成天然气泄漏：

（1）设备管线腐蚀穿孔；

（2）井口高低压截断阀失效无法动作造成下游超压；

（3）采输设备、管道连接不严密或法兰垫片、阀门填料老化刺坏，造成泄漏；

（4）倒错流程，造成憋压刺漏；

（5）采输设备实际运行压力超过设计压力；

（6）安全阀出现故障造成启停失效；

（7）设备、管线堵塞发现不及时；

（8）设备维护保养不到位等。

四、氮气窒息

在采气生产中以下因素可能造成氮气窒息：

（1）氮气置换，在注入点或排放口附近形成缺氧区，缺乏警示标识，未设置警戒区；

（2）报废的氮气系统未及时拆除；

（3）停用的氮气系统未进行有效隔离、封堵；

（4）充满氮气或实施氮气置换的设备、设施所在的区域，缺乏有效的抽排风设施；

（5）进入塔、罐、管线等受限空间，未进行气体检测，未测定含氧量；

（6）作业人员未佩戴氧含量检测报警仪；

（7）氧含量检测报警仪未定检，出现故障；

（8）事故应急处置时抢险人员未佩戴空气呼吸器等。

五、触电

在采气生产中以下因素可能造成触电：

（1）电气线路老化、裸露；

（2）启停用电设备前，未用试电笔验电，未戴绝缘手套合（断）开关；

（3）电气设备无接地保护装置或接地装置不牢、失效；

（4）电气设备防雨措施不完善；

（5）带负荷启用用电设备；

（6）超负荷使用用电设备；

（7）电器设备潮湿漏电；

（8）未使用绝缘工具或绝缘工具失效等。

六、噪声

在采气生产中以下因素可能造成噪声伤害：

（1）天然气通过阀门、引射器、燃烧器、喷嘴、分离器、天然气压缩机等设备时，加速气流扰动产生气体动力噪声；

（2）天然气流动冲击设备、管线器壁产生冲击噪声；

（3）天然气压缩机运行，活动部件共振产生机械噪声；

(4)噪声作业场所，作业人员未佩戴防噪耳罩或耳塞。

七、灼烫

在采气生产中以下因素可能造成烫伤：

(1)发电机、压缩机、加热炉、三甘醇缓冲器等设备设施高温部位无防护隔离设施；

(2)无防护接触气田水处理药剂等腐蚀品；

(3)蒸汽管线刺漏，人员烫伤等。

八、冻伤

在采气生产中以下因素可能造成冻伤：

(1)人员无防护接触氮气气化管线引发冻伤；

(2)天然气节流阀前后压差过大造成设备、管道表面结冰，人员无防护接触；

(3)使用二氧化碳灭火器喷射，人员握住喷管金属部分引发冻伤等。

九、物体打击

在采气生产中以下因素可能造成物体打击：

(1)阀门和阀体零部件老化，倒错流程造成憋压，阀门部件脱出伤人；

(2)带压或压力未泄尽情况下进行检维修操作，物件脱出伤人；

(3)带压液体（如回注污水、三甘醇、缓蚀剂等）和气体发生刺漏时击中人体；

（4）排放管线固定不牢，打击伤人；

（5）错误使用工（用）具，用力不均匀，工具飞出伤人；

（6）抛接或抛扔工具工件，工具、工件掉落伤人；

（7）检维修作业工具、工件高位放置不当，跌落伤人。

十、机械伤害

在采油生产中以下因素可能造成机械伤害：

（1）发电机、压缩机、机泵等设备的旋转部件、传动件缺失防护罩，或防护不到位；

（2）操作人员距离运转部位过近；

（3）设备运转时进行检维修操作；

（4）女工长发未盘在工帽内等，容易被绞或卷入受伤。

十一、高处坠落

在采气生产中以下因素可能造成高处坠落：

（1）登高作业时，不系安全带或安全带挂靠不牢固、使用错误；

（2）操作平台护栏、梯子、扶手、护圈腐蚀开焊；

（3）雨雪天或5级以上大风等恶劣天气登高作业；

（4）作业人员身体状况不佳登高作业；

（5）上下梯子不扶扶手，脚踏空；

（6）随意攀爬，不走专用通道等。

十二、其他伤害

在采气生产中以下因素可能造成摔倒、扭伤、雷击、车辆伤害等：

（1）站场不平整有障碍物，行走不慎绊倒；
（2）站场或梯子有积水、积雪、积冰，行走不慎滑倒、摔伤；
（3）作业时，配合不当或用力不当，造成扭伤；
（4）雷雨天气在空旷地带巡检，容易造成雷击；
（5）巡检、操作通道狭窄，易磕碰、绊倒；
（6）现场行走跨管线等。

第二节　采气生产工艺介质安全特性

天然气生产涉及的工艺介质具有易燃、易爆、有毒、有害等特性，直接危害员工的生命安全。采气工作为一线操作人员，应熟悉采气生产过程中接触的主要工艺介质的安全特性。

一、天然气

天然气属易燃、易爆物质，爆炸极限为 5%~15%（与空气的体积比），遇火源引起燃烧或爆炸。作为主要烃组分的甲烷，在空气中浓度达到 10% 时，就使人感到氧气不足。浓度达 25%~30% 时，可引起头痛、头晕、注意力不集中、呼吸和心跳加速、精细动作障碍等。浓度达 30% 以上时，可因缺氧致窒息、昏迷。

二、硫化氢

硫化氢广泛存在于天然气开采行业中,是一种无色、剧毒、有臭鸡蛋味的可燃气体,毒性较一氧化碳大 5~6 倍,几乎与氰化氢的毒性相同。

硫化氢比空气重,常聚集在地势低洼的地方,不易扩散,能溶于水、乙醇及甘油中,但不稳定。只要条件适当,轻轻地震动含有硫化氢的液体,就可使硫化氢气体挥发到大气中。硫化氢燃烧时生成的二氧化硫,也是一种有毒气体。硫化氢溶于水后生成氢硫酸,腐蚀管线及设备内壁,严重时导致穿孔泄漏,造成事故。

硫化氢是强烈的神经毒物,对黏膜有明显的刺激作用,较低浓度即可引起呼吸道及眼睛伤害。高浓度时表现为中枢神经系统症状和窒息症状,浓度达到 700ppm❶以上时,很快失去知觉,几秒钟就可能出现窒息,呼吸和心跳停止,如果没有外来人员及时采取措施抢救,中毒者一般无法自救,最终由于呼吸和心跳停止而迅速死亡。当遇到浓度在 2000ppm 以上时,仅吸一口气,就可能死亡。不同硫化氢浓度对人体的危害见表 2-1。

表 2-1 不同硫化氢浓度对人体的危害

在空气中的浓度		危害
ppm	mg/m³	
0.13	0.18	含量为 0.13ppm 时,有明显和令人讨厌的气味,含量为 4.6ppm 时显而易见;随浓度增加,嗅觉会疲劳,气体不再能通过气味来辨别
10	14.41	有令人讨厌的气味,眼睛可能受刺激
15	21.61	15min 短期暴露范围平均值

❶ 硫化氢浓度 1ppm=1.441mg/m³(1atm,20℃)。

续 表

在空气中的浓度		危害
ppm	mg/m³	
20	28.83	暴露 1h 或更长时间后,眼睛有烧灼感,呼吸道受到刺激
50	72.07	暴露 15min 及以上后嗅觉会丧失,如超过 1h,可导致头痛、头晕和(或)摇晃;超过 50ppm 将出现肺水肿,也会对眼睛产生严重刺激或伤害
100	144.14	3~15min 就会出现咳嗽、眼睛受刺激和失去嗅觉;在 20min 后,呼吸变样、眼睛疼痛并昏昏欲睡;1h 后会刺激喉道,延长暴露时间将逐渐加重这些症状
300	432.40	明显的结膜炎和呼吸道刺激
500	720.49	短期暴露后会不省人事,如不迅速处理就会停止呼吸、头晕、失去理智和平衡感,需迅速进行心肺复苏
700	1008.55	意识快速丧失,如不迅速营救,呼吸就会停止并导致死亡,应用心肺复苏
1000+	1440.98+	立即丧失知觉,将会产生永久性的脑伤害或脑死亡,必须迅速进行营救,应用心肺复苏

三、二氧化碳

二氧化碳与水结合后具有腐蚀性,是非含硫天然气对设备的主要腐蚀。二氧化碳在天然气凝析液中引起的腐蚀类型主要有深坑型腐蚀、轮癣状腐蚀、冲蚀。对含硫天然气来说,有二氧化碳存在会加速硫化氢对金属管道和设备的腐蚀。

四、二氧化硫

二氧化硫属中等毒性,阈限值 5.4mg/m³。二氧化硫既可引起支气管和肺血管的反射性收缩,也可引起分泌增加及局部炎症反应,甚至腐蚀组织引起坏死。

五、氮气

氮气在通常情况下是一种无色无味无臭的气体,且通常无毒。但空气中氮气含量过高,使吸入气氧分压下降,会引起缺氧窒息。吸入氮气浓度不太高时,人员最初感到胸闷、气短、疲软无力,继而烦躁不安、极度兴奋,后进入昏睡或昏迷状态。吸入高浓度时,人员可在几分钟内昏迷,或因呼吸和心跳停止而死亡。

六、凝析油

凝析油是易燃、易爆、低毒物质,其蒸气与空气可形成爆炸性混合物。与氧化剂接触能发生强烈反应,引起燃烧或爆炸。凝析油蒸气比空气重,能在较低处扩散到相当远的地方,遇明火会引着回燃。凝析油导电性较差,在装卸、输送等过程中会产生静电,易引发油气燃烧爆炸事故。凝析油中含有少量水分和微量腐蚀性物质,会引储罐和管线的电化学腐蚀,造成穿孔和油泄漏。

七、硫单质

含硫气井有时会出现硫单质沿着生产管柱沉积,致使硫单质及固体的高级多硫化物析出,沉积在井筒及设备表面,导致气井、设备和管道堵塞,增加材料的应力腐蚀开裂敏感度,加重气井、设备和管道的腐蚀,严重影响气田的正常生产。

八、硫化亚铁

在含硫天然气的输送、处理管线和设备中可能产生硫化亚铁。检修期间从设备或管线清扫出的呈疏松状的硫化亚铁，与空气接触极易自燃，可能导致燃烧爆炸事故。此外，硫化亚铁在酸性环境中可能反应释放出硫化氢。

九、甲醇

甲醇有毒、易燃，其蒸气能与空气形成爆炸性混合物。甲醇通过食道、呼吸道和皮肤进入人体，刺激呼吸道及胃肠黏膜，引起血管痉挛形成淤血和出血，同时易造成视网膜坏死。中毒症状为头痛、眩晕、耳鸣、视力不清、严重失明、瞳孔放大、呼吸困难，因心脏障碍、肾障碍或尿毒症死亡。国家规定车间中甲醇最高允许浓度 $50mg/m^3$。

十、三甘醇

三甘醇是脱水工艺中经常使用的溶剂，为可燃物质，具刺激性。吸入其蒸气易引发咳嗽，直接接触易刺激皮肤，可能产生深度灼伤等。

十一、盐酸

盐酸具有腐蚀性，可能对耐蚀合金材质组成的井下设备及工具造成腐蚀。高浓度盐酸对鼻黏膜和结膜有刺激作用，会出现角膜浑浊、嘶哑、窒息感、胸痛、鼻炎、咳嗽，有时痰中带血。盐酸雾可导致眼、脸部皮肤剧烈疼痛。

第三节　采气安全要求

采气工应养成良好的安全作业习惯，保持安全的作业环境，因此必须熟悉采气生产的基本安全要求，遵守工艺、设备和生产作业场所的各项安全要求。

一、岗位人员安全要求

（1）上岗前必须经过三级安全教育培训，经考试合格后方可上岗；操作压力容器时，必须持证上岗。

（2）必须按规定穿戴劳保护具、佩戴监测仪器。

（3）认真履行岗位安全职责，严格执行岗位操作规程和安全规章制度，杜绝"三违"行为。

（4）按规定进行巡回检查，及时发现、消除安全隐患。

（5）清楚天然气、硫化氢等生产介质的易燃易爆、有毒有害特性，危害及防范措施。

（6）清楚天然气放空、污水排放、固体废弃物处理等有关要求。

（7）熟练使用消防器材、气体检测仪、空气呼吸器等，并会维护保养。

（8）岗位发生事故事件，必须及时上报、处理。

（9）对进入生产区域的外来人员，进行安全教育和安全监督。

（10）严禁下列违章行为：

① 在生产作业区域等易燃易爆场所私自动用明火和吸烟；

② 脱岗、串岗、睡岗及酒后上岗；
③ 无有效票证从事危险作业；
④ 使用易燃品擦洗设备、地面、工服；
⑤ 进入塔、罐、管线、坑等受限空间，未进行气体检测；
⑥ 动转设备运行中进行维护保养。

二、工艺基本安全要求

（1）压力安全控制：严格执行工艺压力参数。压力监测仪器仪表、超压报警、连锁保护、泄压设施、防爆装置等必须可靠有效。

（2）温度安全控制：严格执行工艺温度参数。温度监测仪器仪表、温控点超限报警及连锁保护系统必须可靠有效。

（3）流量安全控制：严格执行工艺流量参数。流量检测仪器仪表可靠有效，有效控制置换、吹扫介质流速。

（4）环境污染控制：通过有效措施降低工作环境噪声危害；密闭排污，密闭装卸有毒有害物质，减少挥发或散失；天然气排放时应点火；固体废弃物无害化处理。

三、常用设备安全要求

（1）设备不能超温、超压、超速、超负荷、超期使用。

（2）各种报警装置、安全阀、液位计、仪器仪表、呼吸阀、阻火器等安全附件，必须齐全可靠，并定期检查、校验。

（3）按时巡检，及时进行清洁、润滑、调整、紧固、防腐，发现问题及时处理。

（4）做好工艺防腐、设备防腐，对腐蚀情况定期检测、跟踪和上报。

（5）带压设备的紧急泄压设施应完好有效。

（6）转动、传动、高低温的设备或部件应设有防护设施。

（7）所有分离设施、加热设施、压缩机、机泵、储罐、管道等必须采取有效的防雷、防静电接地保护措施，并定期检测。

四、生产作业场所安全要求

（1）禁止吸烟；

（2）禁止携带火种和其他易燃易爆品进站；

（3）禁止使用手机；

（4）禁止随意挪动消防器材，保持安全通道畅通；

（5）禁止使用化纤拖把和抹布；

（6）禁止使用非防爆手电筒、应急灯和非防爆工具；

（7）禁止违规存放和使用汽油、橡胶水等易燃物质；

（8）禁止乱拉电线、私接用电设施、超负荷用电；

（9）未经许可禁止使用明火、摄像机、照相机；

（10）接触有毒有害物质，或存在职业危害场所，应使用专用防护用品；

（11）保持发电机房、泵房、采暖间、阀室、仪表间、计量间等通风良好；

（12）进站车辆排气管必须佩戴符合规定的防火帽，拉运甲醇、凝析油、污水的罐车必须保证防静电接地可靠有效；

（13）禁止乱排废气、废水、废渣。

第三章 采气工安全生产应会

采气工日常工作主要包括巡回检查、开关井操作、天然气输配计量、凝析油和气田水计量及储运、管道清管、三剂注入、设备维护保养及故障处理、管道巡检等，涉及的工艺设备复杂、现场工作量大，若稍有疏忽、操作错误，会导致憋压、泄漏、火灾、爆炸、触电、物体打击、机械伤害等事故发生。因此，采气工必须充分识别每项操作风险，熟练掌握安全操作要点，不断规范安全行为，切实杜绝违章操作，从根本上保证岗位安全生产。

第一节 通用工作安全操作

为规范采气工安全操作，纠正常见习惯性违章行为，采气工必须学会正确开关阀门、使用工具等操作，熟知作业过程中的风险及操作要点，同时正确使用常见灭火器材、气体检测仪器及抢险防护装备。

一、阀门开关

（一）主要风险

（1）使用管钳或"F"形扳手等工具开关阀门易损坏手轮、阀杆、铜套、闸板等部件，造成人员伤害。

（2）开关阀门时人正对阀杆，操作中可能因阀门铜套锁紧装置损坏阀杆冲出伤人。

（二）安全操作要点

（1）阀门开关时，手轮（手柄）直径（长度）小于或等于320mm时，只允许一人操作；手轮（手柄）直径（长度）大于320mm时，允许多人共同操作，或者借助适当的杠杆（一般不超过0.5m）操作阀门。

（2）同时操作多个阀门时，应注意操作顺序，并满足生产工艺要求。

（3）操作阀门时，应缓开缓关，均匀用力，不得用冲击力开关阀门。

（4）开关阀门时身体不得正对丝杆操作，操作闸阀、平板阀过程中，当关闭或开启到上死点或下死点时，应回转手轮1/2~1圈。

（5）开启有旁通阀门的较大口径阀门时，若两端压差较大，应先开旁通阀平衡压力，再开主阀；主阀打开后，应立即关闭旁通阀。

二、法兰式阀门更换

（一）主要风险

（1）更换阀门前没有对管线、阀腔进行放空泄压，拆卸法兰时余气未排尽或带压操作，放空时人员未站在上风向，可能造成物体打击、中毒、窒息、火灾。

（2）更换阀门前没有隔离能量源或隔离不当，可能造成物体打击、中毒、窒息、触电、火灾。

（3）拆卸组装阀门时错误站位造成人员砸伤、碰伤。

（4）地面湿滑、油污未及时清理，易造成跌倒、磕伤。

（5）阀门在开启状态下安装，易造成杂质进入阀腔损坏密封面。

（6）紧固法兰螺栓时，未对角紧固，易造成阀门法兰密封力不均匀，生产过程中发生泄漏。

（7）错误使用工具、随意放置、用力不当，易造成物体打击、摔伤。

（二）安全操作要点

（1）更换阀门前，将阀门与流程上下游能量源隔离，开启要更换的阀门，排放尽内部介质，确认能量隔离，有效上锁挂牌。进行必要的氮气置换，放空时人员站在上风向。

（2）切断与更换阀门相关的电源、气源、液压油路，并清洗油路及元件，实现动力电源、气源、液压油路全隔离，并符合安全操作规定。

（3）拆卸、组装应按工艺程序，正确使用专用的工具，严禁强行拆装。拆卸阀门时注意正确的操作位置。

（4）保持地面清洁，平稳操作。

（5）阀门在关闭状态下安装。

（6）对角均匀上紧连接阀门螺栓，法兰应平行，螺栓无松动，螺栓露出螺母2~3扣。有拧紧力矩要求的螺栓，应按规定的力矩，拧紧力矩误差不应大于 ±5%。

（7）正确使用、规范放置使用的工具和用具。

三、梯子使用

梯子是用来登高作业的常用工具。梯子使用安全注意事项：

(1)一个梯子只允许一人使用，并有一人监护，严禁载人移动梯子。

(2)梯子使用应放置稳定。在平滑面上使用梯子时，应采取端部套、绑防滑胶皮等防滑措施，直梯和延伸梯与地面夹角以 60°~70° 为宜。

(3)使用梯子时，人员处在坠落基准面 2m（含 2m）以上时应采取防坠落措施。

(4)在梯子上工作时，应避免出现过度用力、背对梯子工作、身体重心偏离等情况，防止身体失去平衡而导致坠落。有横档的人字梯在使用时应打开并锁定横档，谨防夹手。

(5)上、下梯子时，应面向梯子，一步一级，双手不能同时离开梯子，下梯时应先看后下。人员在梯子上作业需使用工具时，可用跨肩工具包携带或用提升设备以及绳索等传递方式，以确保双手始终可以自由攀爬。

(6)对于直梯、延伸梯以及 2.4m 以上（含 2.4m）的人字梯，使用时应用绑绳固定或由专人扶住，固定或解开绑绳时，应有专人把扶梯子。

(7)若梯子用于人员上、下工作平台，其上端应至少伸出支撑点 1m。在支撑点以上的梯子部分（指直梯或延伸梯）只可在上、下梯子时作扶手用，禁止用其挂靠、固定任何设备或工具。

（8）梯子最上两级严禁站人，并喷涂红色警示标识。在通道门口使用梯子时，应将门锁住。

（9）严禁在吊架上架设梯子。严禁将梯子用作支撑架、滑板、跳板或其他用途。

（10）在电路控制箱、高压动力线、电力焊接等任何有漏电危险的场所应使用专用绝缘梯，严禁使用金属梯子。

四、电动气动工具使用

天然气生产中会使用到各种各样的电动气动工具，电动气动工具使用不当会造成物体打击、机械伤害、触电等安全事故。电动气动工具使用安全注意事项：

（1）禁止移除、改造电动气动工具原设计中的任何开关、按钮和安全装置。

（2）不宜在易燃易爆区域使用电动气动工具。特殊情况下使用时，必须采取可靠的安全控制措施，并履行动火作业许可审批。

（3）电动气动工具应在每次使用前进行检查；专业人员按检定周期定期进行检查，做好检查记录，并贴上合格或不合格标签。

（4）操作人员应正确穿戴个人劳动防护用品。

（5）在作业可能产生火花时，操作者应穿戴阻燃防护服。

（6）在使用电动气动工具时操作者应佩戴护目镜和听力、面部、呼吸防护用品。

（7）在作业区域内存在粉尘、噪声时，应采取通风除尘、降噪声或个体防护措施。

（8）作业时振动强度超过规定的限值时，应采取相应的防护措施，佩戴防振手套、减少作业时间或采取轮换作业方式等。

（9）对使用电动气动工具可能产生飞溅、冲击、触电等危害的区域应进行隔离防护，如设防护板、围栏或防护屏等。

（10）应选择使用符合工作要求的电动气动工具，禁止使用存在缺陷或经检查不合格的电动气动工具。

（11）接通电动工具电源前，应进行检查，确保其插头和插座规格相符，开关处于关闭位置。

（12）打开气动工具气源之前，应进行检查，确保已安装过流关断阀、气路软管无切口、裂缝，各部件连接紧固，开关处于关闭状态。在开启工具前，应拔掉调位键的钥匙或扳手。

（13）操作者应站在安全、适合的位置，严格按照操作规程操作。禁止在电动气动工具放倒或移动时启动电动气动工具。

（14）电动气动工具在未使用或完成作业后应即时断开电源、气源。应避免电动气动工具长时间空载运转，防止飞脱伤人。关闭电动气动工具时，应在其转动部件完全停止运转之后方可放下。

（15）更换部件时应隔离电源、气源，待转动部件完全停止转动后方可进行。

（16）使用气动工具过程中，不应将软管锐角弯曲、缠绕、打结或将重物置于其上。禁止用软管悬吊工具或用供气管路中的压缩空气清洁机器和吹尘。

（17）禁止将电动气动工具或敞开的空气软管指向任何人。

（18）拆卸气动工具前应首先关闭供气管路阀门，释放管路余气。

五、试电笔使用

（1）使用前擦拭金属部分。

（2）检查试电笔各部件是否完好，连接是否牢固。

（3）在工作电源上进行预测试，将拇指按在尾端金属部分上，食指、中指配合夹起试电笔，验证试电笔是否有效。

（4）手臂平伸，使试电笔垂直于被测电气设备，缓慢接近测试点，接触测试点后，观察试电笔是否发光或数字显示，若发光则该设备带电。

六、消防器材使用

（一）手提式干粉灭火器

步骤一：手提灭火器提把至灭火点附近（图3-1）；

图3-1　手提灭火器

步骤二：向外拔出保险销（图3-2）；

步骤三：对准火焰根部喷射（图3-3）。

图3-2　向外拔出保险销

图3-3　灭火操作

注意事项：

（1）手提提把至灭火点附近前不要拔掉保险销；

（2）拔保险销时，不要按住压把；

（3）液体火灾应尽量以水平角度喷射覆盖灭火，不要将喷嘴直接对准液面喷射。

（二）推车式干粉灭火器

步骤一：推灭火器至现场（图3-4）；

步骤二：拉出喷射管（图3-5）；

图3-4　推灭火器至现场

图3-5　拉出喷射管

步骤三：拔出保险销（图3-6）；

步骤四:开启灭火(图3-7)。

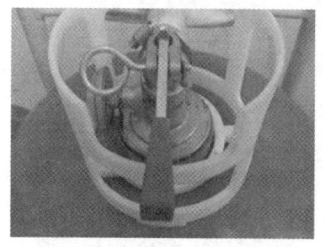 

图3-6 拔出保险销　　　图3-7 开启灭火

注意事项:

(1)喷射管不能缠绕;

(2)需2人默契协同配合灭火。

(三)二氧化碳灭火器

步骤一:提灭火器至现场(图3-8);

步骤二:拔掉保险销(图3-9);

步骤三:一手握住喇叭筒,一手按压把,对准火焰根部喷射(图3-10)。

图3-8 提灭火器至现场　　图3-9 拔掉保险销　　图3-10 灭火操作

注意事项:

(1)不能直接用手抓住喇叭口或金属连线管,防止手被冻伤;

(2)后退式灭火,防止窒息。

(四)消火栓

步骤一:取出消防水带(图3-11);

步骤二:连接水枪(图3-12);

图3-11 取出消防水带

图3-12 连接水枪

步骤三:连接消火栓(图3-13);

步骤四:打开消火栓(图3-14);

图3-13 连接消火栓

图3-14 打开消火栓

步骤五:对准火焰根部喷水(图3-15)。

图3-15 灭火操作

七、正压式空气呼吸器使用

正压式空气呼吸器的结构见图 3-16。

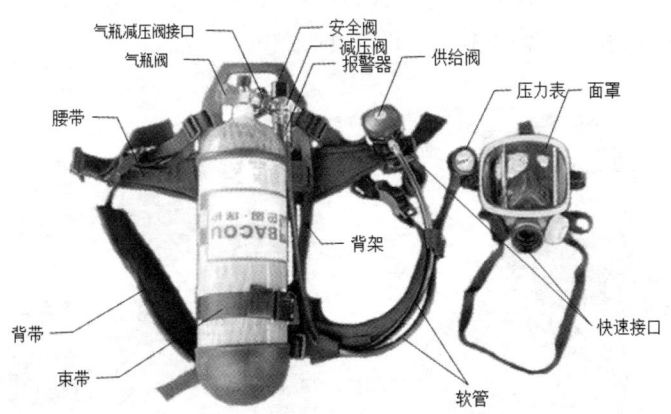

图 3-16 正压式空气呼吸器结构图（巴固 C900）

（一）使用方法

（1）检查气瓶压力、气密性及报警哨。

（2）背上整套装置，下拉肩带调节环使装置紧贴背部；扣上腰带并拉紧，使装置紧贴腰部。

（3）戴上面罩，检查面罩气密性。

（4）打开气瓶阀，用手按住供给阀黄色按钮，有空气流出声音再连接快速接口，可进入危险现场。

（二）注意事项

（1）气瓶充气压力在 24MPa 以上；

（2）操作中随时观察压力表，当发现压力降至 55bar 左右或报警哨响起时，应立即返回安全区域更换气瓶。

八、自吸过滤式防毒面具使用

自吸过滤式防毒面具适用于普通非密闭的有毒气体场所和硫化氢浓度低于 $30mg/m^3$ 的区域,不适用于密闭含氧量低于 18% 的场所,见图 3-17、图 3-18。

图 3-17 自吸过滤式防毒面具　　图 3-18 滤毒罐

使用注意事项:

(1)佩戴时须先将滤毒罐底部的进气口打开使呼吸畅通,否则会出现窒息事故;

(2)使用中应注意滤毒罐是否失效(异味、增重、时间过长);

(3)进入毒区前,必须弄清楚现场毒剂性质和浓度,不同型号滤毒罐只能防护与其相适应的有毒气体;

(4)受含氧量、有毒气体浓度的限制,只限在发生泄漏、污染环境事故时逃生使用,不得用于抢救中毒病人、抢险、抢修、处置装置泄漏作业;

(5)滤毒罐要按说明书要求定期更换。

九、常见气体检测仪使用

常见气体检测仪见图3-19、图3-20、图3-21、图3-22。

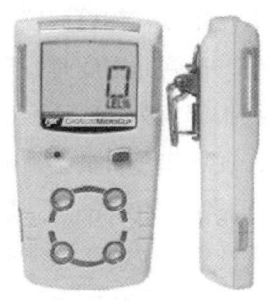

图3-19 便携式硫化氢气体检测仪　　图3-20 氧气检测仪

图3-21 便携式可燃气体检测仪　图3-22 四合一气体检测仪
（H_2S、O_2、CO、可燃气体）

（一）使用方法

（1）按下开机键，打开检测仪；

（2）按要求挂在合适位置进行气体检测；

（3）关闭检测仪时，长按关机键5s即可。

(二)注意事项

(1)根据现场气体类型正确佩戴相应的检测仪,任何情况下都不得遮挡仪器的传感器。

(2)硫化氢气体检测仪一级报警值为 15mg/m³(10ppm)❶,即阈限值,达到此浓度时,现场应佩戴便携式硫化氢气体检测仪。二级报警值为 30mg/m³(20ppm),即安全临界浓度,达到此浓度,现场作业人员必须佩戴正压式空气呼吸器。三级报警值为 150mg/m³(100ppm),即危险临界浓度,到达此浓度,现场作业人员应按应急预案立即撤离。

(3)可燃气体检测仪一级报警(高限)设定值小于或等于 25%LEL(爆炸下限),二级报警值(高高限)设定值小于等于 50%LEL。

(4)可燃气体检测仪宜佩戴在劳动防护衣服手臂口袋上,见图 3-23;硫化氢气体检测仪宜佩戴在劳动防护裤裤腿口袋上,见图 3-24。

图 3-23 可燃气体检测仪佩戴位置　　图 3-24 硫化氢气体检测仪佩戴位置

(5)气体检测仪应按规定定期检验,便携式硫化氢气体检测仪为 6 个月,便携式可燃气体检测仪为 12 个月。满量程后需重新检定。

---

❶ 1ppm=1.5mg/m³(标准状态)。

第二节 采气安全操作

天然气井口操作、加热炉操作等是采气工必须掌握的基本操作技能,必须熟知作业过程中的风险及操作要点,确保操作过程安全,避免发生事故。

一、天然气井口操作

天然气井口装置见图3-25。

图3-25 井口装置

(一)主要风险

(1)阀门填料、法兰等刺漏未及时处置导致中毒、火灾事故;

(2)开井时流程未导通导致采气设备及管线超压;

(3)井口压力控制不当导致采气设备及管线超压;

(4)井口针型阀刺坏导致采气设备及管线超压;

(5)因气流振动,井口针型阀开度自动开大导致采气设备及管线超压;

(6)测真重、换压力表、维护保养等作业时高处坠落;

(7)井口内介质流态变化引起采气树剧烈振动导致事故发生；

(8)井下节流嘴失效、井口安全系统无动作，导致采气设备及管线超压；

(9)井下节流嘴固定不牢，撞击井口装置导致事故。

(二)安全操作要点

(1)发现刺漏时挂牌警示，及时上报要求维修处置；

(2)开井前必须确认流程导通，按照生产参数控制各级压力，防止系统超压；

(3)利用各级针型阀合理调节各级压差；

(4)按时巡检，发现压力、气量变化及时查找原因并处置；

(5)生产调节平稳后及时锁紧针型阀锁紧螺帽；

(6)搭建井口操作平台防止坠落；

(7)及时调整各级针型阀开度，平稳生产；

(8)严格巡检，保证井口安全系统各参数正常，动作灵敏可靠；

(9)严格巡检，发现异常及时汇报并按相应程序处置。

二、加热炉操作

加热炉外观见图 3-26。

(一)主要风险

(1)正对炉门点火，燃气喷出导致烧伤；

(2)配风系统故障或调节不

图 3-26 加热炉

当导致"回火";

(3)炉膛有可燃气体时点火导致炉膛发生爆炸;

(4)烟囱固定不牢导致物体打击;

(5)液位计指示不准导致炉体内缺水烧干锅、灼烫伤害。

(二)安全操作要点

(1)炉门应开启灵活,点火时不能正对炉门;

(2)确保配风系统灵活、可调,点火前必须调至最大开度;

(3)经检测确认炉膛内无可燃气体后,先点火后开气;

(4)多次点火,须有足够间隔时间,充分通风检测无余气;

(5)检查烟囱本体及拉绳是否完好、符合要求;

(6)定期清洗检查液位计,确保显示正常,巡检时认真观察液位变化并及时补水。

三、天然气压缩机操作

整体式燃气发电机天然气压缩机见图3-27。

图3-27 整体式燃气发电机天然气压缩机

（一）主要风险

（1）盘车时机组突然启动，盘车棒未及时取出伤人；

（2）维护保养时，头、手伸入机器内，机器意外转动伤人；

（3）增压机运行中飞轮超速时解体碎片飞出伤人；

（4）多次启动时，间隔时间过短，排气管、消声器中可燃气体未排尽，下次启动时发生爆燃；

（5）检修含硫燃气管道时，放空、置换不彻底造成中毒；

（6）压缩机出口止回阀损坏，停机后高压气通过旁通窜入低压分离器，憋压造成爆炸；

（7）登高检维修作业防护不当或设备表面油污造成高处坠落、滑倒；

（8）无防护接触排气管、消声器，造成烫伤；

（9）检修机组后氮气置换空气不彻底，启机发生爆炸；

（10）盘车时用力过猛造成跌倒，维保时拆下的机器零部件或工具放置不当造成砸伤；

（11）站控保护系统失效，导致运行设备损坏及人员伤亡。

（二）安全操作要点

（1）对机组盘车时，对屏蔽式火花塞采取断开磁电机电源线方式进行，对非屏蔽式火花塞采取断开火花塞接线柱方式进行。侧身进行盘车操作，盘车时盘车杆应及时取出。

（2）检维修前对检维修设备进行动力隔离并挂牌上锁；检维修时应保持人员信息通畅。

（3）飞轮处必须装设护罩，机组运行中巡检、维护人员避免正对飞轮切线方向。

(4)多次启动时,应有足够的间隔时间,并在启动前手动盘车2~4转。

(5)机组检修结束,经氮气置换并检测合格后再启机。

(6)定期维护保养阀门,及时维修故障阀门。机组进行卸载操作开启旁通阀时应对机组进气管线压力进行监控,预防因排气止回阀损坏而导致高压气体窜入低压设备的危险情况发生,在排气止回阀工作正常的情况下,严禁关闭排气阀。如果排气止回阀出现故障,必须排除故障,并确认排气阀处于开启状态后,方可正常操作设备。

(7)高处作业保持工作面清洁,穿戴好安全带、防滑鞋等防坠落措施。

(8)不得在未采取防护措施的情况下接触排烟筒、排气管。

(9)严格按作业方案进行氮气置换,检测合格后方能进行检维修作业。

(10)盘车时用力平稳;零部件、工件必须低位定置放置。

(11)维护保养时按要求对站控及仪表系统进行检测及校验,确保站控系统运行正常,监控有效。

四、天然气发电机操作

发电机机组见图3-28。

(一)主要风险

(1)燃料气泄漏没及时发现、处置引起火灾或爆炸;

(2)电源线路破损漏电引

图3-28 发电机机组

起触电事故；

（3）飞轮、传动皮带造成机械伤害；

（4）排气管、消声器造成灼烫；

（5）通风不畅通，尾气积聚造成窒息、中毒事故；

（6）多次点火导致排气管炸裂；

（7）蓄电池电解液灼伤；

（8）缺油、缺水引起机械损坏。

（二）安全操作要点

（1）设置可燃气体监测报警，严格巡检，发现问题及时处置；

（2）加强电气线路维护，及时更换老化、破损线路；

（3）飞轮、皮带部位设置防护罩并保持完好有效；

（4）正确穿戴防护用品，女工长发盘入安全帽内；

（5）排气管、消声器进行架空安装接至室外，并加装隔热层；

（6）保持发电机房通风良好；

（7）两次点火之间必须关闭燃料气阀并停留足够时间；

（8）蓄电池补充电解液时佩戴防护面罩（镜）、手套等；

（9）严格巡检，及时补充润滑油、冷却水。

五、清管操作

（一）主要风险

（1）操作中因泄漏引起火灾、爆炸、中毒事故；

（2）清管球（器）遇卡引起超压造成爆管、设备损毁事故；

（3）气源阀内漏引起清管球（器）冲出，操作站位不当造成物体打击；

(4)收球操作时引起污染事故;

(5)排污不及时,污物进入站场引起设备堵塞、憋压;

(6)收发操作压差控制不当,造成设备损毁;

(7)干气清管未湿式作业,硫化铁粉末自燃引发事故。

(二)安全操作要点

(1)严格生产监控,加强气体检测,必要时佩戴正压式空气呼吸器,使用防爆工用具,杜绝火源。

(2)发球时球筒缓慢升压,严格控制发球压差,做好压力、流量全程监控。发现超压,立即切断气源并泄压至安全范围内。

(3)开关球筒(清管阀)盲板时,必须确保球筒(阀腔)压力为零,并保持放空状态(注意防止放空系统窜漏),且不能正对盲板和站在支撑臂一侧操作,见图3-29。

图3-29 严禁正对盲板操作

(4)及时排污,防止液体进入下游系统或窜入放空管。控制排污速度,防止气体窜入排污管。

(5)需放空时必须点燃火炬并控制气流速度,防止凝析油喷出形成火雨造成火灾事故或污水喷出造成污染事故。

(6)严格控制清管球(器)运行速度小于等于5m/s。

(7)干气清管要采取湿式作业,防止硫化铁粉末遇空气自燃。

(8)清管过程中,应随时保持上下游信息畅通。

六、更换压力表操作

(一)主要风险

(1)压力表损坏示值不准、泄压孔堵塞,导致误判压力为零,造成拆卸作业时气体冲出伤人,或压力表飞出伤人;

(2)吹扫引压管时污物冲出伤人;

(3)泄压、吹扫时含硫天然气引起人员中毒;

(4)启表时升压过快导致压力表炸裂伤人;

(5)压力表放置不当造成损坏。

(二)安全操作要点

(1)为防止误判,重新启表进行二次放空操作来确认压力为零。

(2)佩戴护目镜操作,吹扫引压管时严禁在吹扫口上方进行观察,操作时人体尽量低于吹扫口,见图3-30;可能有液体飞溅时,在吹扫口与人体之间使用挡板,严禁使用毛巾、面纱等覆盖吹扫口。

(3)介质含硫时,更换压力表应佩戴相应防护用品。

图3-30 正确吹扫引压管图示

（4）启表时缓慢升压，且采取侧位操作。

（5）压力表应放在操作台上，玻璃面朝下。

七、用电操作

（一）主要风险

（1）意外接触带电体造成触电；

（2）非带电体意外带电造成触电；

（3）违规拉、接电源线造成触电；

（4）电源线路超负荷引起火灾；

（5）用电设备意外短路引起火灾；

（6）雷击引起用电设备设施损坏、火灾。

（二）安全操作要点

（1）站场采用电缆线并敷设规范，接线柱加装护罩，变压器架空2.5m以上安装；

（2）电器外壳及非带电体金属部分有效接地；

（3）严禁私拉乱接电源线路；

（4）大功率用电设备采用专门供电线路；

（5）用电设备、设施实行"一机一闸"制；

（6）电器四周不堆放杂物，用电设备不超负荷运行；

（7）电源切换操作必须遵循"先断电，后送电"的原则；

（8）必须按规程操作空气开关和双头闸刀，防止电弧伤人；

（9）用电设备、设施故障需报告上级安排专业人员进行处理。

八、清洗呼吸阀操作

(一) 主要风险

(1) 储罐内气体溢出导致人员中毒、窒息;
(2) 静电意外释放引起火灾、爆炸;
(3) 工用具、工件撞击产生火花引发火灾、爆炸;
(4) 高处坠落导致人员伤害。

(二) 安全操作要点

(1) 作业前,必须停止该储罐一切排放作业,并打开量油孔保持储罐常压;
(2) 严格巡检、维护保养,确保储罐静电释放装置完好有效;
(3) 穿防静电服、鞋,上罐前消除自身静电;
(4) 使用防爆工具,轻拿轻放;
(5) 上下储罐及操作中,做好防跌落措施;
(6) 装卸时必须有人监护,人员站在上风侧。

九、清洗检查高级阀式孔板节流装置操作

(一) 主要风险

(1) 拆卸时部件冲出造成物体打击;
(2) 天然气含硫时阀腔放空造成中毒;
(3) 工具、部件放置不当引起跌倒摔伤;
(4) 滑阀意外开启造成气流喷射、部件冲击伤人;
(5) 操作不当引起划伤。

(二) 安全操作要点

(1) 拆卸时应侧位操作(图3-31),不正对齿轮轴和阀腔正上方;

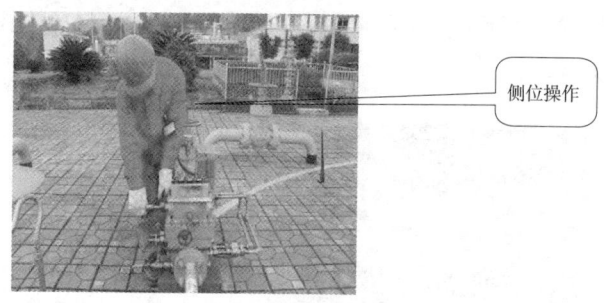

图3-31 拆卸时侧位操作

（2）阀腔放空前观察风向，操作者不能位于放空口下风向（图3-32），必要时佩戴正压式空气呼吸器；

 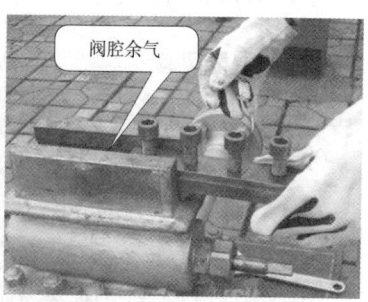

图3-32 阀腔放空并注意余气

（3）工具、工件不要放置脚边，以避免踩踏跌倒；

（4）滑阀开关到位后严禁将专用扳手悬挂在开关轴上（图3-33）；

（5）拆装清洗检查

图3-33 用扳手悬挂在开关轴上错误

孔板时手指避免接触开孔直角入口边缘,以及刀口尺尖锐部位(图 3-34)。

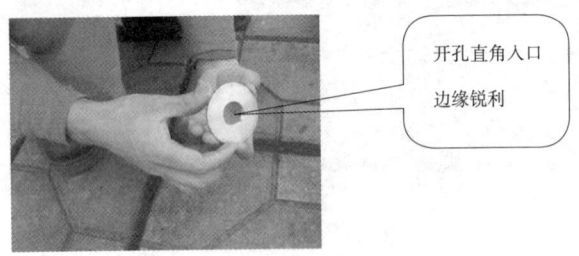

图 3-34　正确的孔板检查姿势

十、储罐操作

(一)主要风险
(1)静电意外释放引发火灾、爆炸;
(2)油气泄漏引起火灾、爆炸、中毒;
(3)顶部作业引起高处坠落。

(二)安全操作要点
(1)严格巡检、维护保养,确保储罐静电释放装置完好有效;
(2)穿防静电服、鞋,上罐作业前消除自身静电;
(3)严格控制注入、抽出速率,防止静电产生;
(4)定期检查保养呼吸阀,确保其畅通,防止造成储罐憋压;
(5)严格进行生产监控、巡检和维护,杜绝跑、冒、滴、漏;
(6)储罐四周设立警戒区域,严禁烟火;
(7)储罐车进入生产区域进行装卸作业必须佩戴防火罩;
(8)储罐顶部作业时,应做好防中毒、防窒息、防坠落个人防护措施。

十一、三剂注入操作

(一) 主要风险

(1) 药剂溅入眼内造成伤害;
(2) 电动机转动轴、传动皮带缺失护罩造成机械伤害;
(3) 排空气体造成中毒;
(4) 电源线路破损漏电造成触电;
(5) 非带电体意外带电造成触电。

(二) 安全操作要点

(1) 操作时穿戴防护服,佩戴护目镜(图3-35);

图3-35 三剂注入时应佩戴护目镜

(2) 转动部件加装护罩且完好有效;
(3) 泵房保持通风良好,介质含硫时佩戴相应防护用品操作;
(4) 严格进行生产监控、巡检和维护,保证设备设施完好,进行电动机部分操作时,按规定戴绝缘手套;
(5) 电动机外壳及非带电体金属部分有效接地。

十二、排污、放空系统解堵操作

(一) 主要风险

(1) 上游设备、管道放空时造成中毒、火灾;

(2) 切割解堵时,余气遇火燃烧、爆炸引起伤亡;

(3) 污物冲出导致伤人、环境污染;

(4) 排污、放空系统窜气导致解堵人员受伤。

(二) 安全操作要点

(1) 放空必须点火,放空口设立警戒区,派专人监护,做好个人防护措施,操作者和监护人处于放空口上风或侧风向;

(2) 当发现排污、放空系统堵塞时,切忌全开排污、放空阀观察情况,防止污物突然冲出引起管道剧烈振动,导致管道断裂或撞击储罐引起炸裂;

(3) 上游端泄压、置换、隔离后,方可拆卸、切割打开下游端法兰、管道;

(4) 清掏污物时,不正对清掏口;

(5) 解堵作业中,停止系统内其他排污、放空操作。

十三、水合物解堵操作

(一) 主要风险

(1) 泄压解堵时放空口造成人畜中毒、火灾;

(2) 操作不当造成设备管道憋压、爆炸;

(3) 水合物撞击导致爆管、设备损毁(图3-36)。

水合物撞击弯头震断球阀传动轴

图 3-36 水合物导致设备损坏图

(二)安全操作要点

(1)放空必须点火,放空口设立警戒区,派专人监护,做好个人防护措施,操作者和监护人处于放空口上风或侧风向;

(2)发现水合物堵塞时,及时切断堵塞段气源,防止设备、管道超压;

(3)水合物堵塞不严重时,及时在上游端加注解堵剂;

(4)泄压解堵时,准确判断堵塞部位,堵塞点上、下游必须同步缓慢放空,按作业方案规范进行泄压解堵。

十四、脱水操作

(一)主要风险

(1)天然气泄漏、重沸器点火引发火灾、爆炸;
(2)维修作业时高处坠落;
(3)未戴防护用品接触缓冲器、燃烧炉引起灼烫;
(4)装置进气时流程未倒通,造成管线及设备超压;
(5)未控制好吸收塔液位,造成高低压系统窜压。

(二)安全操作要点

(1)严格进行生产监控、巡检和维护,杜绝跑、冒、滴、漏;

(2)更换脱水塔压力表、装卸安全阀等高处操作时,应使用安全带,并注意防止坠落;

(3)重沸器点火时必须遵循"先点火后开气"的原则;

(4)若点火失败,再次点火前应进行充分通风,并确认炉膛内余气排净;

(5)补加三甘醇等作业,注意防止缓冲罐、重沸器、三甘醇管线的高温灼烫;

(6)装置进气前确认倒通流程;

(7)冷循环启泵前确认吸收塔无压力,且吸收塔液位调节阀关闭,启泵后监控吸收塔液位,待吸收塔液位达到设定值后将吸收塔液位调节阀投入自动状态。

十五、脱硫剂更换操作

脱硫塔见图3-37。

图3-37 脱硫塔

(一)主要风险

(1)高处坠落;

（2）塔内余气散发导致人员中毒、窒息；

（3）塔内硫化铁粉末自燃引起火灾、爆炸；

（4）吊装脱硫剂时，落物伤人；

（5）清淘废脱硫剂产生的污物、脱硫废剂处置不当，造成环境污染。

（二）安全操作要点

（1）高处作业做好防坠落措施；

（2）更换脱硫剂前，关闭进出脱硫塔的上下游阀门，并加隔离盲板封堵，进行氮气置换后，经可燃气体检测合格方可打开人孔，打开人孔后，如人员要进入，必须经有毒气体检测和含氧量检测合格；

（3）实施湿式作业；

（4）吊装设备定期检测，吊装过程强化监控，吊物下严禁站人；

（5）清淘过程产生的污物，排放到污水池，脱硫废剂进行无害化处理。

十六、支干线阀室操作

（一）主要风险

（1）阀室通风不良，导致窒息、中毒；

（2）操作中设备泄漏造成中毒、窒息、火灾、爆炸。

（二）安全操作要点

（1）阀室应充分通风并经气质检测合格后，人员方可进入；

（2）严格进行生产监控、巡检和维护，杜绝跑、冒、滴、漏；

(3)操作中做好泄漏防范措施,保持逃生通道畅通。

十七、分离排污操作

(一)主要风险

(1)排污系统窜漏导致其他打开作业发生火灾、爆炸、中毒;

(2)排污速度过快导致管道破坏、人员伤害;

(3)排出的污物导致人畜中毒、窒息或溢流造成污染;

(4)干气输送时,排出的粉尘遇空气自燃导致火灾、爆炸。

(二)安全操作要点

(1)排污前必须确认排污系统内无其他打开作业;

(2)排污管道固定牢靠,排污口周围划定警戒区域,加强监控;

(3)缓慢开启排污阀,控制排放速度,密切注意分离器液位(或根据排污管道内流体声音的变化判断);

(4)排放完毕后立即关闭排污阀,防止气流进入排污管道窜入储罐或冲击污水池液面导致天然气泄漏、污物溢流污染等事故;

(5)含硫介质分离器排污按要求佩戴防护器材(图3-38),高含硫或含凝析油时应密闭排污;

图3-38 高含硫场所佩戴空气呼吸器

（6）干气输送，排污管线出口应处于污水液面以下。

十八、放空操作

（一）主要风险

（1）放空系统窜漏导致其他打开作业发生火灾、爆炸、中毒；

（2）放空速度过快导致管道振动、损坏，引发火灾、爆炸、中毒、环境污染。

（二）安全操作要点

（1）放空前必须确认放空系统内无其他打开作业；

（2）放空口周围设警戒区，加强监控；

（3）必须先点火，后放空；

（4）放空时要缓慢进行，控制放空速度，防止放空管发生振动或破裂；

（5）不能长时间大压差放空，防止管线发生冰堵、刺漏；

（6）当有两个以上放空口时，及时关闭处于低处的放空口，防止抽吸空气，发生自燃或爆炸。

十九、氮气置换

制氮车见图3-39。

（一）主要风险

（1）氮气注入时，接触氮气罐车、汽化车汽化设备和管道时低温冻伤人员；

图3-39 制氮车

（2）低温使管线、设备产生冷脆，影响设备使用性能，造成防腐层脱落；

（3）氮气泄漏造成人员窒息；

（4）氮气置换天然气不完全，使管线、设备内的残存天然气集中在管线设备内高点，当高点处开口施工作业，可能发生燃烧、爆炸事故；

（5）氮气置换空气不完全，使管线、设备内的残存空气与天然气混合形成局部爆炸性气体，引发燃烧、爆炸事故。

（二）安全操作要点

（1）禁止人体任何部位无防护接触汽化管线；

（2）严格按计算的安全速率注氮，防止管线、设备冻伤或产生过大的冷缩；

（3）氮气置换过程中，发现氮气泄漏或疑似泄漏时，应佩戴空气呼吸器进行检查和处理；

（4）氮气置换天然气或空气时，应采用检测设备检测出口端天然气和氧气含量，气质检测达标后，氮气置换方可结束。

二十、压力、差压变送器回路零位检查操作

零位检查排空操作见图3-40。

（一）主要风险

（1）泄压、吹扫导压管时，含硫气体造成人员中毒；

（2）扳手等工具使用不当，可能造成打滑伤人。

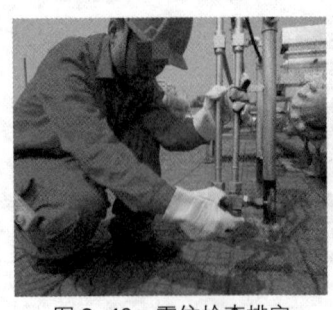

图3-40 零位检查排空

(二)安全操作要点

(1)操作人员佩戴相应的防护用品,缓慢泄压,不得处于下风向位置操作;

(2)正确使用工具,严禁野蛮操作。

二十一、快开盲板保养操作

(一)主要风险

(1)开启盲板拆卸安全锁板和泄压装置时,泄压装置(螺栓)冲出伤人;

(2)盲板开启时伤人;

(3)保养完成后未置换空气,天然气与空气混合遇火可能发生爆炸;

(4)开启引流阀时,阀杆冲出伤人。

(二)安全操作要点

(1)确保球筒内压力泄尽为零,缓慢拆卸安全锁板和泄压装置。严禁正对安全锁板和泄压装置,应侧身操作,见图3-41。

图3-41 打开盲板操作侧身站立图

(2)严禁正对盲板和在转臂后方操作,避开盲板旋转方位,应侧身操作(图3-42)。

图 3-42 打开盲板

(3)采用容积法缓慢对球筒进行置换,升压至 0.5MPa 放空为零,反复 3 次。

(4)严禁正对丝杆操作,应侧身操作(图 3-43)。

图 3-43 侧身操作

二十二、磁翻板浮筒液位计清洗操作

(一)主要风险

磁翻板浮筒液位计见图 3-44。

(1)清洗前对液位计放空排污时,含硫天然气可能造成人员中毒;

图 3-44 磁翻板浮筒液位计

(2)液位下连通阀堵塞造成关闭不严,清洗作业时,堵塞物冲出伤人;

(3)清洗前对液位计放空排污时,污水流出可能造成场站污染;

(4)启用液位计时,阀门顺序开错,可能造成液位计损坏。

(二)安全操作要点

(1)清洗前对液位计放空排污时,人员应站于上风向,高含硫时应佩戴正压式空气呼吸器;

(2)清洗前应确认筒体内气体或液体已排放完毕,无余气,防止液位计上下控制阀堵塞、内漏造成危害;

(3)对液位计放空排污时,对放出的污水用容器接住,倒入污水池,防止污染场站;

(4)启用液位计时,先开上游阀,后开下游阀,缓慢操作。

二十三、电动执行器操作

电动执行器操作见图 3-45。

图 3-45 电动执行器操作

(一)主要风险

(1)开启电源时开关装置漏电引起触电;

(2)电动执行器阀位指示状态与阀门实际状态不一致,可能误操作引发事故。

(二)安全操作要点

(1)开启电源时用试电笔对开关装置验电;

(2)检查电动执行器阀位指示状态与阀门实际状态保持一致。

二十四、气田水处理药剂配制操作

(一)主要风险

(1)称量药剂时,皮肤接触药剂造成灼伤;

(2)药剂配制时发生溅击,造成人员灼伤;

(3)配药操作不规范、程序不正确,引起化学爆炸。

(二)安全操作要点

(1)佩戴防护镜、防腐蚀胶手套等防护用品进行操作(图3-46、图3-47),药剂配制应平稳缓慢操作;

图 3-46 佩戴防护手套　　图 3-47 佩戴护目镜

（2）按照化学药剂配制程序规范操作。

二十五、气田水处理压力式过滤器反冲操作

（一）主要风险

（1）启泵开启电源时触电；

（2）流程未导通情况下造成泵或管线憋压；

（3）启动反冲泵时，机泵转动部位缺失防护装置造成人员伤害。

（二）安全操作要点

（1）佩戴防护用品，启停泵时严禁湿手作业；

（2）启泵前确认流程已导通（图3-48），具体应关闭压力过滤器、下流设备进水阀，打开压力过滤器出水阀、反冲泵进出水阀和通过污泥干化池的旁通阀；

（3）启动前检查和固定机泵旋转轴安全护罩。

图 3-48 流程倒换

二十六、气田水回注操作

（一）主要风险

（1）回注过程中，回注管线刺漏，回流污水冲击伤人，造成环境污染；

（2）出口阀未打开造成回注管线憋压；

（3）转动部位缺失防护装置，造成人员伤害。

（二）安全操作要点

（1）做好管道定期检测与维护，加强巡检；

（2）启泵前确认相关工艺流程的阀门已开启，流程畅通（图3-49）；

图3-49　启泵前确认流程已导通

（3）启动前检查和固定机泵旋转轴安全护罩，正确穿戴劳保用品。

第四章　采气生产应急处置

当突发事件发生时，现场人员应立即向本单位汇报，单位接到报告后按事件级别根据国家和企业有关规定进行汇报。发生直接危及人身安全的紧急情况时，现场人员应立即停止作业或在采取可能的应急措施后撤离作业场所。应急救援人员必须首先确保自身安全，正确选用和佩戴个人劳动防护用品及检测仪器，再进行应急救援工作。如发生人员伤亡，应第一时间对伤员进行抢救，并及时拨打120或就近医疗机构电话。

第一节　设备设施应急处置

天然气生产过程中，火灾爆炸、硫化氢中毒、触电等事故易造成人员、设备、财产损失，员工必须掌握突发事件应采取的处置措施，防止事故扩大。

一、天然气场站火灾、爆炸应急处置

（一）处置措施

（1）向调度室汇报；

（2）关闭着火点上下游阀门，打开放空阀；

（3）利用灭火器进行初期火灾扑灭；

（4）火势过大或设备、管线出现摇晃、变形等危险状态，应迅速撤离，扩大警戒区域，等待消防队伍灭火。

（二）注意事项

（1）有硫化氢气体时，不宜立即扑灭，现场人员应佩戴空气呼吸器；

（2）必要时，用水对着火点周围设备进行冷却；

（3）火灾区域内有电气线路及设备时，及时切断电源。

二、站外管线泄漏、第三方破坏应急处置

（一）处置措施

（1）向调度室汇报，与上下游场站联系；

（2）关断事故点上下游阀门，切断气源，实施放空；

（3）对事故点及放空点实施警戒；

（4）根据现场情况，现场能处理或控制的及时采取措施，否则等待处理；

（5）若发生火灾、爆炸、人员伤亡等严重情况，及时拨打"119"、"120"电话。

（二）注意事项

（1）含硫天然气泄漏时，第一时间佩戴空气呼吸器并疏散现场人员，做好警戒；

（2）事故点周围应防止一切点火源；

（3）根据泄漏量和现场风向等情况建立有效的隔离区域，禁止无关人员进入；

（4）事故点附近应放置灭火器应急。

三、管线水合物堵塞应急处置

(一) 处置措施

(1) 关闭堵塞点上下游控制阀;

(2) 缓慢打开管线上下游放空阀,对堵塞点两端管线同步泄压;

(3) 管线泄压后,及时关闭放空阀,防止空气进入,保持适当时间让水合物充分分解;

(4) 解堵完毕,汇报调度室,按调度指令升压后恢复生产。

(二) 注意事项

(1) 放空应点火;

(2) 开启放空阀应缓慢,防止火炬熄灭、污物冲出导致环境污染;

(3) 堵塞点前后采用同步降压,避免压差过大导致堵塞物冲击管线设备。

四、气田水管线泄漏应急处置

(一) 处置措施

(1) 向调度室汇报,与管线上下游场站联系;

(2) 关闭气田水泵、管线上下游阀,切断水源;

(3) 摸清泄漏现场环境现状,主动挖沟疏导改变流向,筑堤堵截,使污染损失降到最低;

(4) 根据气田水特性,可适当添加处理药剂进行中和、初步净化处理;

(5) 对泄漏出的集中气田水及时进行清理拉运;

（6）如气田水已进入当地水源地等环境保护敏感点（区），立即向上级报告，请求通报地方政府，避免引发更大危害。

（二）注意事项

（1）气田水含硫时，应佩戴硫化氢气体检测仪；

（2）在泄漏气田水流经地域设置警戒线，避免无关人员进入；

（3）注意观察管线上游气田水池的液位情况，防止气田水溢出污染环境，必要时对产水井进行关闭。

五、电气火灾应急处置

（一）处置措施

（1）迅速切断电、气源；

（2）根据火灾地点及大小，建立有效隔离区；

（3）火势较小时，使用二氧化碳、干粉灭火器灭火；

（4）火势不可控时，及时撤离，等待消防队伍灭火。

（二）注意事项

（1）电气火灾断电前严禁用水灭火；

（2）灭火时应站在上风向，正确使用消防器材；

（3）室内发生电气火灾时，不要急于打开门窗，防止空气流通加大火势。

六、管线火灾、爆炸应急处置

（一）处置措施

（1）向调度室汇报，与上下游场站联系；

（2）缓慢打开管线上下游放空阀，对事故管线进行放空；
（3）事故现场设置警戒线，禁止无关人员进入现场；
（4）根据火势大小，决定是否疏散周边群众并设置疏散范围；
（5）若火灾、爆炸事故态势严重，及时拨打"119"、"120"电话。

（二）注意事项

（1）未切断气源前，不宜将火扑灭；
（2）放空时，如管线两端存在高差，先关闭管线高点放空阀，后关闭低点放空阀，防止放空时将火焰吸入管线造成次生事故。

七、阀室火灾、爆炸应急处置

（一）处置措施

（1）向调度室汇报，与上下游场站联系；
（2）切断上下游气源，对事故管线进行放空，截断阀室气源；
（3）事故现场设置警戒线，禁止无关人员进入。

（二）注意事项

（1）未切断气源前，不宜将火扑灭；
（2）放空时，如管线两端存在高差，先关闭管线高点放空阀，后关闭低点放空阀，防止放空时将火焰吸入管线造成次生事故。

第二节　人员伤害应急处置

天然气生产作业现场经常处于远离城镇的边远区域，出现险情后需要进行现场紧急救助,争取生命抢救的第一时间。因此,站场员工必须掌握常见的现场急救基本知识,掌握基本急救技能,具备紧急互助能力,保卫生命安全。

一、硫化氢中毒应急处置

(一)处置措施

(1)发现有人中毒,立即撤离危险现场,发出警报;

(2)正确佩戴空气呼吸器返回现场将中毒者抬离至安全区域,松解衣裤,清除口腔异物,维持呼吸道通畅;

(3)如呼吸、心脏停止跳动,立即实施心肺复苏;

(4)及时向调度室汇报并向就近医疗机构拨打电话。

(二)注意事项

(1)救援人员未佩戴空气呼吸器前禁止进入危险区;

(2)对有眼部刺激症状者,立即用清水冲洗,皮肤接触者应脱去污染衣物,立即用肥皂水和清水彻底冲洗。

二、烧烫伤应急处置

(一)处理措施

(1)立即去除高热物;

(2)采取冷水直接冲泡、冰袋冰敷等降温手段迅速冷却烫伤部位;

(3)及时就医。

(二)注意事项

(1)强酸强碱烧伤后不能直接用水冲洗,可先用干布擦净，再用水冲洗，防止强酸强碱遇水后产生更多热量加重烧伤程度；

（2）皮肤破溃后不能直接用水冲，需用干净塑料隔着冰块进行冰敷，防止伤口直接接触水而造成感染；

（3）一般烧烫伤自行降温处理即可，但当皮肤有水泡、被烧破或大面积烧烫伤时必须送医院处理。

三、触电应急处置

（一）处置措施

（1）迅速切断电源，使触电者脱离带电体；

（2）保证触电者呼吸通畅，实施现场急救；

（3）根据情况报警求救；

（3）送往医院。

（二）注意事项

（1）未脱离电源前禁止接触触电者身体；

（2）对于低压触电，立即切断电源或用有绝缘性能的木棍挑开电源线；

（3）对于高压触电，立即用合格的零克棒断开高压隔离开关，不能及时断开的，应立即通知有关部门停电；

（4）如果出现心搏骤停，立即实施心肺复苏。

四、心肺复苏

当受伤者呼吸、心跳停止时，现场人员应在安全区域立即对其实施心肺复苏。

(一)处理方法

(1)确定伤者是否存在意识(图4-1);

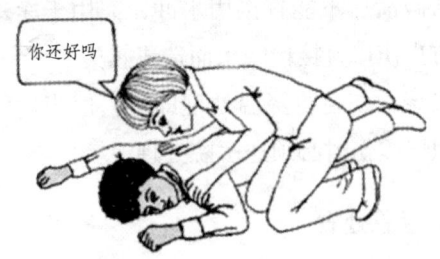

图4-1 判断伤者意识

(2)高声呼叫他人帮助抢救(图4-2);

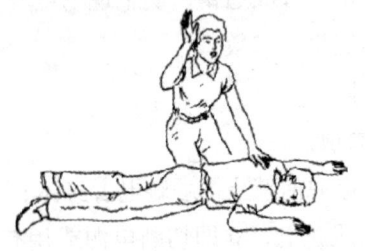

图4-2 寻求帮助

(3)迅速将受伤者放置于平卧位,解开衣裤(图4-3);

图4-3 使伤者处于平卧位

（4）判断伤者是否有脉搏（图 4-4）；

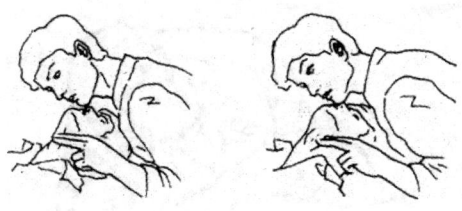

图 4-4　判断脉搏

（5）胸外心脏按压 30 次（图 4-5）；

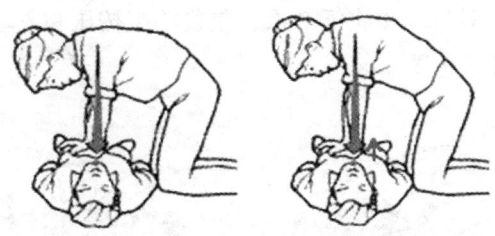

图 4-5　胸外心脏按压

（6）畅通呼吸道，清理口、鼻腔异物（图 4-6）；

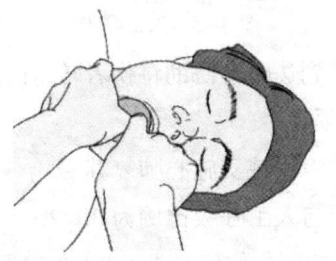

图 4-6　畅通呼吸道

(7) 检查有无呼吸 (图 4-7);

图 4-7　检查呼吸

(8) 口对口或鼻吹气 2 次, 重复心脏按压和人工呼吸步骤直至伤者苏醒 (图 4-8);

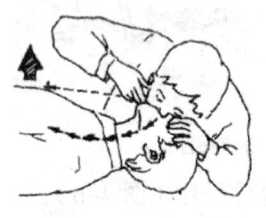 

图 4-8　人工呼吸

(9) 医疗人员到达时, 协助将伤者转送医院。

(二) 注意事项

(1) 禁止在危险区域实施心肺复苏;

(2) 胸外按压与人工呼吸比例为 30:2;

(3) 实施心脏按压的位置 (图 4-9) 在胸骨中下 1/3 交界处, 图 4-10 中所指位置向头部两手指宽处;

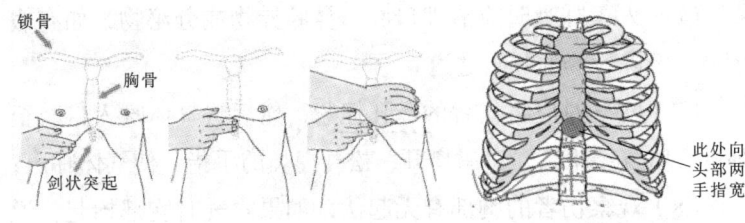

图 4-9　心脏按压位置　　　　图 4-10　肋骨剑突

（4）按压时双手掌根重叠，十指相扣，使下面手的手指抬起，以避免按压时损伤肋骨（图 4-11）；

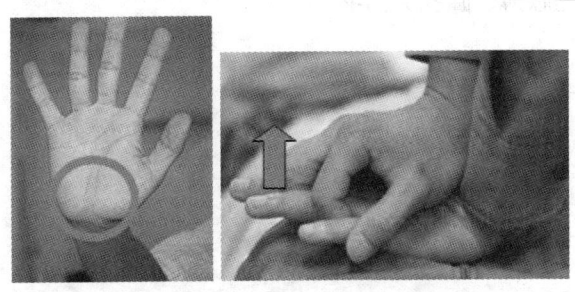

图 4-11　正确的按压手势

（5）借助上半身的体重和肩臂部肌肉的力量进行按压，按压力量应足以使胸骨下沉大于 5cm，频率大于 100 次 /min；

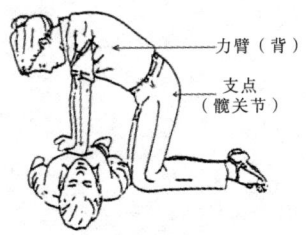

图 4-12　正确的按压姿势图

（6）人工呼吸时应清理口腔、鼻腔异物或分泌物，如有假牙一并清除，畅通呼吸通道；

（7）吹气时应将伤者的鼻孔捏紧，然后将气体吹入口腔至肺部，吹气结束后，口唇离开，松开捏鼻的手指，使气体呼出；

（8）观察伤者的胸部有无起伏，如果吹气时胸部抬起，说明气道畅通，操作正确；

（9）心肺复苏终止指标：伤员已恢复自主呼吸和心跳；确定伤员已死亡；心肺复苏进行30min以上，伤员仍无反应、无呼吸、无脉搏、瞳孔无回缩。

附　录

附录1　采气工操作常见不安全行为

（1）开关阀门站在管线或阀门上进行操作。

站在设备上操作阀门不正确

正确操作阀门

（2）阀门操作猛开猛关，使用工具开关阀门。

用"管钳"开关阀门不正确

正确的操作方式

（3）违规使用工具拆卸或拧紧螺丝。

敲击活动扳手不正确　　　　　　　正确使用扳手

（4）给阀门注脂时,正对注脂口,压力未泄放为零时进行操作。

带压、身体正对注脂口操作不正确　　　正确的操作方式

（5）操作高级孔板阀时,身体正对齿轮轴操作。

身体正对齿轮轴操作不正确　　　　正确的操作方式

（6）操作高级孔板阀时，将摇柄悬挂于转轴上。

专用扳手未取下不正确

正确的状态

（7）检查计量孔板时，用手触摸孔板开口入口边缘。

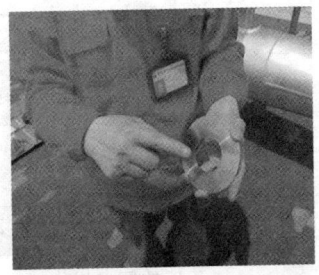
用手触摸开口入口边缘 不正确

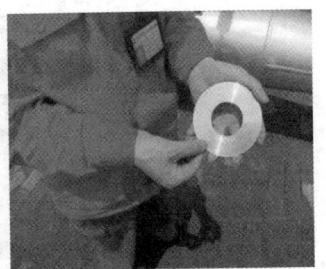
正确的检查方式

（8）操作高级孔板阀时，孔板乱丢乱放。

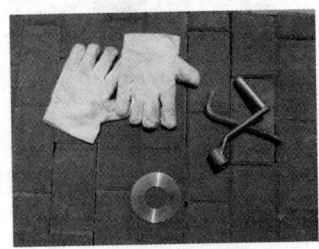
孔板乱丢乱放不正确

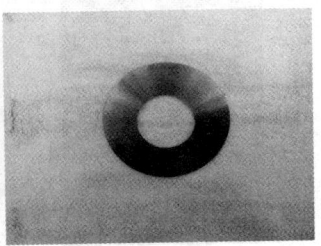
正确放置在毛巾上

(9) 带压打开收发清管器（球）装置快开盲板。

带压操作不正确

压力泄放为零后再操作

(10) 打开快开盲板时，人体正对盲板。

正对盲板进行操作不正确

正确的侧身操作

(11) 吹扫压力表导压管时，身体正对吹扫口。

头部正对吹扫口不正确

身体远离吹扫口正确

（12）使用汽油、柴油等有机溶剂擦拭设备、场地或用湿布擦拭带电电气设备。

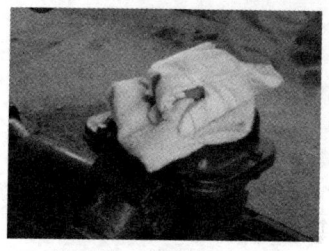 

使用湿毛巾擦拭不正确　　　　使用干毛巾擦拭正确

（13）安全帽佩戴不规范。

系带未系紧不正确　　安全帽未戴正不正确　　　正确佩戴

（14）高处作业未正确系挂安全带。

高处作业未使用安全带不正确　高处作业时使用安全带并"高挂低用"正确

附录2 采气生产事故案例

一、硫化氢中毒事故案例

(一)巡检不到位,生产埋祸根

2007年8月12日早晨7:30,某井站分离器自动放水装置排污阀打开后无法自动关闭,分离器内4.2MPa压力的天然气窜入ϕ57mm排污管线,高压气流在排污口产生巨大的喷射力,污水池瞬间弥漫在烟雾缭绕中。当班员工邓某听到巨响迅速关闭了分离器手动排污阀。站长王某与邓某,佩戴好正压式空气呼吸器,赶到站外污水池发现距污水池50余米有3名小学生晕倒在地,迅速采取就地急救措施,同时拨打了120急救电话。3名小学生经过20余天的医治后先后康复出院。

经现场检查分析,导致此事故的直接原因是自动放水装置因电磁阀供电电瓶没有及时充电,导致电磁阀不能及时关闭。真正原因是采气工日常巡检不到位,没有及时分析出电瓶缺电。所幸该井天然气中硫化氢含量低,加之救治及时,才没有导致严重后果。

二、火灾爆炸事故案例

(二)故障处置不适当,飞来横祸使人亡

2011年12月31日,某站2号压缩机三级换热器解堵作业。

2012年1月1日，作业完成。操作人员启动压缩机闭路小循环运行约8min，参数出现异常，二级排出压力为0.9MPa（正常0.3MPa），温度为117℃（正常90℃），三级排出压力为2.9MPa（正常不大于2 MPa），此时，压缩机组二级安全阀起跳，温度仍呈上升趋势。班长张某到现场检查，发现换热器百叶窗未完全打开，进行处理后返回压缩机房，突然听到爆炸声，立即按下紧急停车按钮，发现陈某倒在现象，已经死亡。

经调查分析，事发时陈某站在梯子上，正对封头挡板检查漏点，封头挡板随爆炸冲击波飞出并击中头部，导致陈某死亡。该事故的直接原因是压缩机组设计缺陷导致不能彻底置换，空气与天然气相遇形成爆炸性混合气体，遇管线内焊渣摩擦引起的火花发生爆炸。导致陈某死亡的真正原因是没有认真分析设备参数异常可能导致的后果，在机组异常运行状态下，没有停机找原因，而是直接去冒险排查故障，加上站位不当，最终丢掉性命。

（三）危害识别不全面，事故教训立马来

2007年9月16日上午，某采气中心站苟某和黄某在巡检过程中遇到天气骤变，天色昏暗致能见度非常低。进入一封闭阀室后，身上的可燃气体检测仪显示为零，遂手举点燃的打火机查看设备设施状况，此刻阀室发生爆炸，苟某当场死亡，黄某重伤。

经现场勘察分析，阀室内一球阀有轻微外漏，长期泄漏的天然气聚集在阀室内，形成爆炸性混合气体，遇明火发生爆炸。造成此事故的直接原因是在封闭的天然气阀室违规使用明火，

同时,员工对不同环境中可燃气体检测知识欠缺,不知道密闭空间内应在高位聚集点检测可燃气体的基本常识。

三、物体打击案例

(四)逃生路线不同,生死两界相隔

2008年3月25日,某采气增压联合站一台天然气压缩机机组维护保养结束后启机生产。由于压缩机机组自控装置故障,导致压缩机失速飞车。压缩机启动人员随即发出事故警报,现场5人迅速逃生,其中一人沿着压缩机飞轮切线方向飞奔,其余4人大致沿着压缩机飞轮垂直方向逃生。飞轮解体后形成的碎片向切线方向飞出,打中朝飞轮切线方向逃生的员工致其当场身亡,其余4名员工未受伤害。

这起事故主要原因是该名员工选择逃生路线错误,不应朝飞轮切线方向逃生。同时,该班组在日常应急预案演练中也未对逃生路线进行演练,加之员工应急知识欠缺,最终导致悲剧发生。

四、触电事故案例

(五)习惯违章终害己,触电身亡留唏嘘

2006年7月24日,某采气工王某对污水处理设备进行清洁,习惯性将消防水带接到消火栓上冲洗设备。此时,调度室通知将气田水拉运至该站场进行处理回注。王某随即倒通污水回注流程,赤手启动污水回注泵,由于回注泵启动装置被清洗设备的水完全打湿,王某未佩戴绝缘手套,启动电源时触电身亡。

这是一起典型的习惯性违章操作,反映了该名员工安全意识淡薄。经事故调查得知,该名员工经常用水直接冲洗设备,启动电器设备时从不验电和佩戴绝缘手套,曾多次受到领导批评不纠正,最终丢掉了自己的生命,令人扼腕叹息。

五、高处坠落事故案例

(六)高处作业不系安全带,就有可能缠绷带

2007年12月24日,某采气站员工对采气树油压压力表进行更换。由于该井站建成不久,井口装置操作平台尚未安装,该员工觉得衣服穿得多,佩戴全身式安全带不方便操作,就直接爬上采气树站在井口阀门上进行操作。在操作过程中,因天气寒冷,手脚不灵活,脚下一滑,右手拆卸压力表的扳手滑脱打到左手手臂,导致该员工从采气树上坠落,肘部着地,手臂骨折,缠绷带4个月。

该名员工心存侥幸心理,忽视安全防护用具的作用,违章操作最终导致伤害。

六、灼烫与冻伤事故案例

(七)药剂配制方法差,发生爆炸被烫伤

2001年8月,某井站采气工刘某与赵某进行气田水处理剂配制。刘某先用铁桶提清水加入投药箱,加至一半时,再加入气田水处理剂A剂10瓶(10kg),搅拌后继续加入B剂。当加入第3瓶时,投药箱突然发生爆炸,位于投药箱两侧的刘某和赵某分别被气浪推入水温50℃的清水池和水温52℃的过滤池

中,发生烫伤。

这是一起典型的化学品爆炸事故,经过现场调查分析,刘某和赵某在配制药剂时,清水加入量不足,A剂加入后没有充分搅拌,致使A剂和B剂固体物质在箱底直接接触,发生剧烈氧化反应,大量产生的二氧化氯气体达到爆炸极限发生爆炸。

(八)灭火器不会用,救火不成自被伤

2007年2月6日,某天然气单井站员工马某在例行巡检时,发现值班室旁地下电缆沟内电缆短路起火,马某迅速跑至配电间关闭电源开关,并从墙上取下一具3kg MT/3手提式二氧化碳灭火器。跑至着火点后,拔出保险销,左手直接抓住了灭火器喷嘴口,右手紧握启闭阀的压把,开始对着火处进行喷射灭火。当按下压把时,马某左手被喷出的二氧化碳冻伤。

这是一起因操作不当导致的冻伤事故,反映出该名员工不熟悉灭火器原理和使用方法,遇到险情临危处置不当。

七、窒息事故案例

(九)麻痹大意,险些丧命

2008年7月20日中午,某管线修补工作完成,作业单位进行管线氮气置换空气作业,使用收球筒放空管线作为置换排放口。站内采气工郑某为检测置换是否合格,于13:05打开收球筒注水阀进行检测,此时,含氧量超标。郑某就地而坐,准备稍后再次检测。13:07分左右,郑某发生窒息晕倒在地,被其他员工发现,及时救出送往医院,所幸抢救及时,郑某未留下后遗症。

这是一起典型的安全意识淡薄,违章操作(未及时关闭检

测口）引发的事故。反映出该名员工安全意识不强，危险性认识不够，违章操作导致伤害发生。

参考文献

[1] 蒋长春.采气工艺技术.北京：石油工业出版社，2009.

[2] 中国石油天然气集团公司安全环保部.采气工安全手册.北京：石油工业出版社，2009.

[3] 蒋长春，李毅.采气员工技术问答.北京：石油工业出版社，2010.